10堂千金換不到的創業人生課

試錯，

我不想你失敗

張凱鈞、陳鴻傑 著

感謝柯市長推薦本書 柯文哲

目錄

必勝

【推薦序】

失敗本身就包含著勝利

高孔廉

凱鈞和鴻傑都是非常優秀的青年。恩格斯說：「失敗本身就包含著勝利。」誠然，失敗是我們生活中都會經歷的常態，不過如何看待失敗、如何面對失敗卻是我們值得我們思考的問題。

失敗並不可怕，失敗也沒什麼了不起的，只是願你不要不忘記初心。沒有誰一開始就可以成功，當然每個人都想著一開始就會成功，可是現實並非如此。在每一次的試錯和失敗中我們都付出了或大或小的代價，但是我們的代價不會白白地付出，我們會在每一次試錯中鍛鍊、每一次挫折中進步。所以我們經歷過的每一次挫敗是讓我們離成功更進一步。

我在海峽交流基金會擔任副董事長和祕書長期間，就非常注重推動兩岸互動交流的工作。這次優秀青年能夠聚在一起攜手合作，結合自己的創業經驗分享自己對創業的感悟和體會，確實是一件難得的事。由青年陳鴻傑和張凱鈞合作的新書《試錯，我不想你失敗》，以通俗易懂的小說筆調記錄了十起創業失敗案例，探尋了創業失敗的共性。在某種程度上來說，失敗也和成功一樣具備價值和意義，同樣也讓我們學習和借鑑。成功的案例固然值得傳承，但失敗的案例更值得學習，全書列舉的十個創業失敗故事，與其說是創業失敗的案例，倒不如說是大部分創業者的心路歷程。創業路上的每一次跌倒、試錯或踩坑，都鍛鍊了勇於拼搏和進取的創業者。

創業是屬於勇者的旅途，不僅要具備敢為人先、洞察敏銳、獨立思考的創新精神，而且也要有百折不撓、堅持不懈的品質，因為創業比拼的不止是創業者的才華，還有創業者的眼光和心理素質。一個創業的項目，既能實現創業者個人的目標、抱負和追求，又能兼顧社會責任的。當然，創業也離不開吃苦耐勞和拼搏奮鬥的精神，吃苦耐勞和拼搏奮鬥儘管乍看起來是老生常談的傳統，但在「大眾創新，萬眾創業」的新時代依舊沒有過時。就像那首廣為流傳的那首閩南語歌曲《愛拼才會贏》唱的那樣：「一時失志不免怨歎，一時落魄不免膽寒。哪怕失去希望，每日醉茫茫，無魂有體親像稻草人。人生可比是海上的波浪，有時起，有時落。好運，歹運，總嘛要照起工來行。三分天注定，七分靠打拼，愛拼才會贏……」這首歌之所以能夠引起眾人那麼大的共鳴，就是歌詞中透出了積極向上的樂觀態度，面對挫敗時的豁達，鼓舞人心。直至今天，這首歌仍有它自己存在的意義和價值，所以這首歌也作為中國大陸二〇二一年播出的脱貧攻堅劇《山海情》的重要插曲。

層出不窮的一批又一批的年輕人是我們國家的未來和希望，他們身上有著無限的活力和可能性。兩岸青年無論是在文化、商業還是在其他方面都應該多交流、多互動，攜手同行奔向新時代。

海峽兩岸經貿文化交流協會會長

高孔廉

【推薦序】

但問耕耘，不問收穫

蔡壁如

我來自屏東的鄉村小孩。護專畢業後，人生的第一份工作就是在臺大醫院擔任護理師，隨著時代網路科技進步，工作多年後才再去進修資訊管理系碩士。

「樂在工作」、「工作即生活，生活即工作」，是我人生的座右銘。臺大醫院是我人生的第一份工作，當初到臺大醫院工作，我以為我會做到從臺大醫院退休。

在臺大醫院就職以來，就一直與柯文哲市長共事，與柯市長一起進入北市府之前，也就只有臺大工作經驗。在臺大醫院工作，吃不少苦頭，但我秉持「學歷不如人、就加倍努力」的態度，硬是幫自己闖出一片天。

斜槓工作的開始，臺大醫院葉克膜的發展，我常開玩笑團隊有腦、有手、有腳組合成無敵的葉克膜團隊，從臨床病患的醫療，外科加護病房的醫學研究，工作流程的設計，建立網站資料庫，統計資料，產出論文發表，到基礎實驗室的研究，其中不乏跨科室的合作，腎臟內科急性腎衰竭的臨床研究，心臟內科與心臟外科整合型研究，甚至為了建立網站資料庫，在職進修資訊管理學系。回想過去二十幾年，我很幸運的可以跟世界很多有名、很厲害的名醫一起工作，同時也發現，二十多年下來，每天RCA（Root Cause Analysis）根本原因分析檢討報告的習慣，和不斷的學習新事物及訓練新的技能，已經是我工作和生活的一部分。

過去二十幾年在外科加護病房工作，我看盡加護病房內的生與死，每個案例都是我的心靈導師，開啟了我對醫學的讚嘆及對人性的看淡；其中有很神奇教我重新認識生死的個案，有教我人生道理的個案，有教我面對生死兩茫茫時的心得與領悟人生的無常，有帶給我面對未來，讓我更謙卑的面對生死。有教我與世無爭的，有教我不願面對，不願放下的執著的案例，同時，也讓我理解醫學的極限及無奈。

《試錯，我不想你失敗》即將公開出版發行，凱鈞和鴻傑是努力踏實的青年，應邀欣然為其寫序。他們合作寫一部關於探討總結創業失敗的共性的書，無論是對於創業青年的借鑑學習作用，還是對兩岸交流互動都是具有重要的意義。書中十起創業失敗的案例中，有涉及外貿的、服裝的、餐飲的、電商的、金融的……列舉了各行各業比較經常會出現的「坑」，用簡單明瞭的筆調和寫法娓娓道來，有序地展開敘述，交代每一個案例或者故事的來龍去脈，總結經驗和教訓，希望能夠對準備創業或者正在創業的青年人能夠有所啟迪，通過前人總結的經驗，少走一些彎路。

作為過來人，其實不管是創業還是生活中的其他事，我們經歷失敗的次數總比成功多。古話常講人生不如意之事十有八九，那如意之事也就只有一二。有的人踩坑、摔倒，經歷挫折之後，選擇了勇敢地站起來拍拍身上的灰塵，繼續往前走；有的人遭受了失敗之後，萎靡不振，止步不前，甚至選擇了放棄。年輕的朋友們，你們甘願在經歷挫敗之後就輕易選擇放棄嗎？還是願意選擇調整好自我之後，選擇不斷前行？

有的人在遇到挫敗之後，會選擇以抱怨的心態去對待，怨天怨地；有的人在經歷失敗踩坑之後，會在挫敗中吸取經驗，在試錯中鍛鍊自己，轉換為自己前進的動力。青年朋友們，你們願意自己是前者還是後者呢？

當然，每個人都渴望成功，不想經歷失敗。可是現實中哪有此等美事呢？生活中的每件事，如果不做，固然不會經歷失敗，可也肯定遇不上成功。人生的階段就像起起伏伏、延綿的山地，有高峰也有低谷，無論頂峰還是谷底，都是我們生命中遇到並且知道銘記的風景，也是我們的財富和經歷。

面對浩瀚宇宙、璀璨星空，我們人類是渺小的，因為我們不能改變的事物還有很多。可是我們人類又是偉大的，因為可以靠我們的努力去改變的事物還有很多。面對這世界上那麼多紛紛擾擾的誘惑和機會，曾文正公的那句「但問耕耘，不問收穫」也能稍微安撫一下躁動的心。創業需要耐心耕耘，不問收穫並不是不在意收穫，收穫不過是創業耕耘之後水到渠成的結果。

人哪能總是患得患失，學會在試錯、踩坑中總結經驗，在失敗中找到真我又何嘗不是一種進步呢。所謂凡為過往，皆為序章。祝福所有青年完成自己的夢想。

立法委員

蔡壁如

【推薦序】

無論是成功還是失敗，都不過是人生中的一部分

邱臣遠

凱鈞和我的經歷有些類似，我從十六歲開始半工半讀，累積許多工作經驗，包含飯店服務生、銀行業務員等等。之後隻身一人前往越南打拼，從事食品原料出口。凱鈞臺大畢業之後就去美國念碩士、英國博士，學成回到了臺灣，海外經歷也和我類似，也都有海外經商的歷練，我們最後都選擇回到了臺灣，也都事業有成。他創業的故事，相信也可以給廣大臺灣青年一個新啟發。

這本書的另外作者是臺灣嘉義的陳鴻傑。鴻傑現在擔任臺灣青年聯合執行長，也是年輕有為的才俊，為海峽兩岸之間的文化交流做出

自己的貢獻。我也期待兩岸之間有更多更頻繁的善意交流和互動。

在海外經商工作的日子裡，看盡了人世間的悲歡離合，無論是世俗間的成功還是失敗都不過是我們人生中的一部分。人生就是一個過程，創業也是體驗不一樣人生的過程。試錯可能是每一位青年人在創業過程中都會經歷過的，一時的失敗也代表不了什麼。當然，今天的年輕人更不要輕易去羨慕別人的成功，因為你不一定能夠付得起成功的代價。

在今天快速發展的時代，吃苦耐勞、拼搏奮鬥的精神依舊很重要，無論是創業還是做其他事，只有一不小心的全軍覆沒，沒有一不小心的大獲全勝。世界上的每一個成功的實現都需要很努力才能夠做到。我從二十七歲到越南，從事食品原料出口，當時每天面臨的都是不同的挑戰，如抓不住東南亞民眾的喜好、不清楚公務流程等等，其實這也是一路挫折的，當然創業也是如此。

這本書就是把一些創業中試過的錯分享給我們的青年朋友，總結探尋失敗的共性，希望青年人能夠在失敗中歷練總結，在試錯中進步成長。

立法委員

【推薦序】

從錯誤中學習的創業家經驗談

賴香伶

臺北是創業與資訊人才聚集地，臺北市政府也有諸多創業輔導，讓眾多北漂青年相聚集於此，一起努力追夢！

張凱鈞理事長及臺灣青年聯合會執行長所著創業專書，整合了許多真實創業案例，透過個案解析，讓人快速了解創業者的艱辛與挑戰，非常值得有心創業者細細品味，張凱鈞理事長已投入臺灣職工教育多年，為職工教育貢獻許多心力，此次透過本書進行經驗傳承，更顯意義重大。

過去勞基法往往未能落實，近年來，勞動權的種子逐漸萌芽，在許多勞工順法抗爭下，勞動條件成為勞資爭議的主要戰場，也凸顯了勞資協商的重要性，勞資會議雖是企業內部勞資協商平台，但勞資會議卻未能明確立法，勞資雙方雖可透過勞資會議溝通，但勞資會議的法制化卻遲遲沒有進行，不僅讓勞方難以參與企業內部溝通，也使不少年輕創業家容易誤觸勞動法令，我相信唯有良好的勞資溝通，才能使企業內部更團結、提振士氣，創業需要的堅強團隊與共同志向的夥伴，也才能在此形成，大家一同打拼就該保障彼此的權利，這才是友善青年創業環境所該追求之目標。

有鑑於青年創業之辛苦與不易，臺北市政府也推出諸多輔導政策，例如：打照創業育成基地、新創公司輔導、新創公司補助、青年住宅政策，我們希望幫所有青年創造好的就業／創業環境，讓臺北市帶動改善全臺灣就業／創業環境，使臺灣年輕人有一個更美好的未來。

立法委員

賴香伶

【推薦序】

「試錯」勇敢創新，為混亂的臺灣帶來希望

張其祿

今日全臺民眾都會開始憂心疫情後之臺灣經濟發展，受到新冠疫情嚴重衝擊，諸多行業都碰到景氣寒冬，但政府卻連紓困都做不好！

但臺灣經濟問題也並非只是因新冠疫情就受影響，長期以來藍綠兩黨不當的施政策略且對政府財政赤字長期視而不見，才是造成臺灣經濟逐漸衰敗的主因！

政黨輪替就是執政黨幹不好，就換人換黨做看看，但政黨輪替都三次了，臺灣經濟卻更糟，例如一例一休與年金改革，造成了全民皆輸的窘境，兩黨完全執政，都只照顧大財團，標準垃圾不分藍綠，廣

大中小企業與年輕人都被執政黨放生了。

作為臺灣經濟基石的中小企業因經營成本增加，面臨倒閉危機，具有創意的年輕人，也因政府沒提供足夠創業資源，而不敢創業逐夢，國內經濟如一灘死水！

但青年有夢，築夢踏實，要改變現有臺灣困境，就是要鼓勵青年站出來！以前我在大學任教期間，我就鼓勵學生勇敢走出「舒適圈」，要努力去闖，創業就是高端人生的歷練，雖然很多時候創業會讓自己跌跌撞撞，卻能快速的自我成長！

本書「試錯」也是講述了海峽兩岸之青年創業問題，將創業者會遇到的相關問題加以整合與論述，海峽兩岸的青年在創業的道路上，都是遇到了相同的諸多問題，但也靠著新知識與新科技之相關應用，而逐漸走向成功之路！

張凱鈞理事長及臺灣青年聯合會執行長，已協助諸多創業團隊相關創業與法律問題諮詢，並把協助諸多創業團隊的自身輔導經驗彙集於本書當中，讓本書更貼近創業實務歷程，故閱讀本書就能深感年輕人還是有遼闊的未來可以期望的！執政黨不做，我們就自己做，臺灣的經濟，就讓臺灣年輕人來救。

立法委員

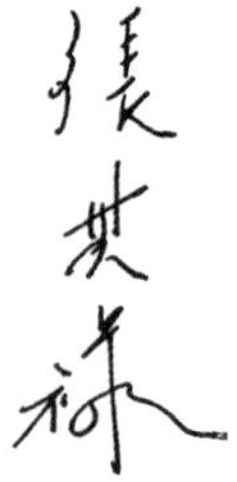

【推薦序】

有志向、有志氣，一定可以闖出自己的一片天

高虹安

《試錯，我不想你失敗》一書殺青了，凱鈞請我為他們的新書寫序。這本書是由臺灣青年聯合會執行長陳鴻傑、社團法人文明人權協會理事長張凱鈞博士合著的關於創業的書。這本書不同於市面上關於創業成功作品，他們反其道而行，將青年創業過程中試過的錯、踩過的雷分享給大家，希望後來的創業者能少碰一些壁、少走一些彎路。

在創業方面，虹安也算過來人，很高興能有機會自己的創業心得和體會和大家分享。年輕人有著無限的活力與熱情，可以大膽地拚搏嘗試，但不可避免地也得經歷試錯，所以糾錯檢討的能力也更關鍵。

看到今天有志創業的年輕人，就像看到過去年輕的自己。現在的許多年輕人，無論是學歷、經歷還是家庭條件，都比那時候的我要好。鴻海集團創辦人郭台銘曾說：「人沒有天生的窮命和賤命，只有你是用什麼樣的心態來磨練自己。」所以青年人還是有要志向、有志氣，一定可以闖出自己的一片天。

我看到今天有些年輕人選擇的創業領域，能夠兼顧到自己的理想和興趣，是一件非常幸運的事。當然人生總難一帆風順，年輕的創業者也都是在試錯、糾錯的過程中鍛煉自己、成長茁壯的。只要有志向，自己的頭腦，自己的雙手，自己的用心就是我們能夠擁有的最寶貴的創業資產。每一次挫折也都是一次進步的機會，只要不放棄學習、放棄努力，能夠打敗你的絕對不是別人給予你的挑戰與挫折。

立法委員

【推薦序】

試錯是少不了的過程，每一次挫折也都是一次進步

何溢誠

千呼萬喚始出來，創業青年合著的《試錯，我不想你失敗》一書總算付梓，筆者與本書其中兩位作者皆是舊識，凱鈞是我臺灣大學的學長，我們還共同創辦了臺灣青年智庫，促進兩岸臺灣青年未來交流合作，出謀劃策；鴻傑是本會執行長，專責廣東片區臺青服務工作，能為他們新書作序，與有榮焉。

這本書是由兩岸青年創業孵化器聯盟主席陳鴻傑先生、臺灣職工教育協會理事長張凱鈞博士合著，可謂關於創業甘苦談的心得報告，與坊間那些千篇一律針對創業成功而大書特書所不同，他們反其道而

行，有逆向思維，這本書是把青年創業過程中試過的錯、嘗過的苦、踩過的坑，分享給大家，希望後進的創業者能少走一些彎路。

當中作者張凱鈞身為聯速物聯網科創園創辦人，於廣東成立物聯網園區，推動兩岸物聯網產業交流發展，促進臺灣青年就業，二〇一七年獲選十大網際網路創新人物，與學術界關係密切，促進青年就業五百餘人，推動與技職院校體系合作。研發智能心電衣項目成功進軍歐美市場，大力推動臺灣青年創業，主辦青年物聯網論壇，透過物聯網大數據打造最全面的創業平台，這些創舉都是青年的標竿楷模。

而這本兩岸青年合作的書，也是海峽兩岸青年交流的一個縮影，總結分析了青年創業失敗的十個案例。身為臺灣青年聯合會理事長，及兩岸青年協同創業倡議者、兩岸青創大聯盟發起人，我很高興能有與青年交流的機會，把自己兩岸經歷和體會與廣大的年輕朋友分享，看到現在正在創業年輕人的朝氣、活力和拚勁，為自己理想一步步踏實邁進，而感動不已。

年輕人有著無限的活力與激情，就像早晨八九點鐘的太陽，發光發熱。現在是創業的時代，冒險家的樂園、尋夢者的天堂，我輩青年同儕能有幸在臺灣成就或去大陸發展，我認為可以大膽地嘗試。會不可避免地經歷試錯，但糾偏的能力也很關鍵，年輕人你們有什麼不可以！如何變得了不起？青年人還是有要志向、有志氣，不要靠家裡，要靠自己。

而我看到今天有些年輕人創業在賺錢的同時，也兼顧到了自己的理想和興趣並且投入社會公益，那是一件多麼幸運的事。當然創業也並非一帆風順，年輕的創業者也是在試錯、糾偏的過程中鍛煉成長起來。現在的年輕人，只要你有目標，自己的頭腦、自己的雙手、自己肯用心，就是你們當下擁有的最珍貴的財富。

年輕人創業的過程中，試錯是少不了的過程，但是不要緊的，年輕肯拚搏、勤奮肯付出，就是你們最大的資本。台語有句俗諺「打斷手骨顛倒勇」，每一次挫折也都是一次進步，但一定要留得青山在，才不怕沒柴燒。創業的人能夠打敗你的絕對不是別人，而是你自己放棄了自己。

臺灣青年聯合會理事長 何溢誠

—前言—

創業成功固然可喜，創業成功的原因也值得我們去了解和探究，但成功的例子畢竟是少數。在創業過程中，與成功相伴的失敗，不僅在我們現實的生活的常態，而且創業失敗的原因大部分是有共性的。所以創業過程中失敗的原因和共性也同樣值得我們去總結、分析和研究，正如國外那句諺語說的那樣：「從勝利中學得少，從失敗中學得多」。

如果說創業是一次登山，創業成功者就是能夠堅持到最後登頂的人，然而能最後登頂的畢竟只是極少數，很多人不僅沒有到半山腰甚至從山腳開始登沒多久，就已經注定止步不前了。

企業家李嘉誠先生在接受《商業周刊》採訪時提到，他自己百分之九十的時間都在思考失敗。創業成功當然是每個創業者的期待，但是創業中的失敗也要引起我們的重視。創業在今天的社會中變得更加普遍，創業成功的美好，讓越來越多的年輕人選擇自主創業，以至於讓很多人忘掉了初次創業失敗的概率是高達百分之九十以上的。有理想是美好的，有創業的願望和理想也值得被鼓勵，但是我們不能忽略現實生活中創業失敗的代價也是扎心的。

剛入步入社會的年輕朋友，會崇拜社會上著名的商人、企業家，期待在將來的某一天自己也可以擁有和他們一樣的成功，無可否認，這些憧憬和期待總是美好的。殊不知，社會上那些著名的創業者能夠取得今天的成績，他們的成功也是之前由無數次失敗的經驗積累而成。關於成功背後的代表，就像作家冰心所說的那樣：「成功的花，人們只驚羨她現時的明豔！然而當初她的芽兒，浸透了奮鬥的淚泉，灑遍了犧牲的血雨。」很多年輕人興高采烈滿腔熱情地踏上了創業的路，這其中不少人學會了「變魔術」：一年半載的時間之內，把兩三百萬的創業資金給變不見了。現在儘管是鼓勵創業的時代，但是創業燒錢也快。

不忘初心，方得始終。這不僅是對於我們個人生活或者人生的啟發，在創業的過程中需要不忘初心，不要忘記了我們當初為什麼創業的出發點。有了創業，自然知道應該選擇哪種商業模式。而在創業失敗的例子中，很大一部分人是還沒想好為什麼要創業，更談不上創業的初心了。創業成功的因素是綜合的，失敗的原因也是多種多樣的，但是失敗的大部分原因中有著相似的共性。本書將分為十個章節，針對青年在職場工作和創業過程中普遍會犯的錯誤，探討比如來自職場的考驗、創業與市場需求脫節、資金鏈斷裂、盲目自信、產品缺乏使用者體驗等方面的因素，這些都是導致創業失敗的普遍原因，也可以說是共性。

這本書不敢說是教人避免創業失敗，也不是教人如何創業成功。

而是希望讀者，尤其是準備創業或者正在創業的青年朋友，能通過在書中年輕人創業失敗的案例、經歷試錯的切身體會以及失敗的原因分析，對準備創業或者正在創業的青年朋友有所觸動和思考。因為無論在生活中還是在創業中，失敗是不可避免的常態。

創業之路不易，創業路上的追夢人更不易，追夢的創業者可以大膽試錯，但我更不想你失敗。

CHAPTER 1

錯把勤奮當能力

小芮最近簡直是苦惱極了，從他創業以來，每周至少工作六十個小時以上，每天不是在工作，就是在工作的路上。他沒有偷懶懈怠，也不敢偷懶懈怠，因為他深深地明白為了創辦這個公司，壓上的不僅僅是自己的時間、精力和身家，還有公司十幾個跟著他一起創業的同事，一榮俱榮，一損俱損。

小芮的電商服裝公司的銷售量最近兩三個月可以說是斷崖式的下跌，公司員工的薪水也快到了發不出來的地步了。

「怎麼辦？怎麼處理？」這個問題一直環繞在小芮的腦海裡，公司的窘境也讓他重新回顧和反思自己之前的所作所為。

他們從創業初始好不容易熬到了轉虧為盈，而因為高估自己的能力，錯把勤奮當成了能力，最終導致自己的公司陷入即將破產的窘境。

當然，此時公司內也有和小芮同樣苦惱的人存在，那就是小芮的創業合夥人——小加，一個當初指出小芮工作決策不合理的人。

兩人從大學開始就是志同而且道合的好朋友，因為共同的目標和機緣，促成了他們兩人的創業合作。

他們創業初始，基於「不熟不做」的原則，小芮他們創業的內容是自己大學所學的專業相關，他們了解服裝設計這個行業，不論是服裝設計的圖紙，到出廠的產品中間的每一個環節，他們都是基本熟悉和了解的。

這時的小芮看起來平靜，可眼神的憂傷卻是藏不住，和公司其他人比起來似乎年紀大了兩三歲，和剛剛踏上創業這條路時的自信從容相比，樣貌上也多了一些滄桑感。

可是，小芮明明努力勤奮地工作，為什麼公司產品的銷量卻沒有起色，甚至還越來越差？這是公司目前的困境，也是小芮苦惱的癥結所在。

◆就業是為今後更好地創業做準備

在大學畢業的三年後，當時正是電商最熱的時候，小芮和自己志同道合的一個朋友小加一起創辦了一家電商服裝公司。兩人在畢業時就想要創業，但是對電商這個行業了解太少，更談不上有電商從業的相關經驗。

他們兩人在剛畢業時，去諮詢了有創業經驗的長輩和朋友們，他們的建議是不要輕易盲目地去創業，比如小芮他們想創業的內容是服裝設計，他們有大學專業知識的支撐當然不錯，但是這遠遠不夠，他們還沒有服裝設計的從業經驗。所以他們沒有一畢業就去創業，而是選擇了去就業。

他們兩人大學專業都是學藝術設計的，不同的是，小芮學的是室內設計，小加學的是服裝設計。小芮和小加兩人達成了默契，珠江三角地區著名的服裝設計公司是他們投履歷就業的首選。

那天，投完履歷的他們，相約走到了城市的街頭，面對高樓林立的城市。小芮表露了對未來的擔憂和顧慮，「城市的水泥路太硬，不知道我們能夠不夠踩得出痕跡，也不知道你我能不能在這座城市裡找到了屬於我們自己的舞臺？」

「怕什麼，做就對了。別想太多，沒有用的。」小加說。

「說不定我們兩人還能進同一家公司呢？」小加問。

「不一定，我倆的專業不太一樣。」

「那倒也是，不過還是得看面試的結果了。我還是希望能夠找到一個好的公司，這樣能學到更多的東西，薪水低一些倒無所謂。小芮，你怎麼想？」

「不，薪水對我來說還是有所謂的，而且還是很重要的。」小芮舉起了手搖了搖表示否定，笑著調侃了小加，話鋒一轉，表情又變得認真起來了。「業內知名的公司，有規模、專業管理，也聚集了業界內優秀的人才。我們在那裡可以學到很多在學校內學不到的東西。」

小加本來已經舉起手，想要「打」小芮一下，看到小芮這麼說之後，手就自然放下了。「你說的有道理，被你這麼一說，我知道下一步怎麼走了。」

「那你要怎麼謝謝我？中午的飯你請客。」

「走，我知道我們學校有家潮州菜味道不錯，這家店的鵝肉，肥而不膩。」

「被你這麼一形容，還真是有點餓了。不磨蹭了，我們中午就去這家吃。」小芮催著小加快點走，小加喝了杯茶，兩人便走出門外去吃飯了……

過沒多久，小芮和小加他們兩人分別進了不同的服裝設計公司，都是業界內享有盛譽的公司。剛剛畢業的他們進入社會工作，公司的環境和氣氛，再加上公司的優秀同事展現的能力和才華，讓他們各自都有很新鮮感和好奇心，所以他們進入公司後的工作表現得很有幹勁。

因為他們有自己的目標，所以過得很充實，他們不覺得自己完全是為了打工而打工。他們想借助在公司上班的這段時間裡，當成鍛煉、提升自己能力的機會。

優秀的公司也是不僅是工作上班的地方，也是員工學習知識技能和提升自己能力的地方。儘管小芮他們一天的時間是八個小時，每周也有雙休，但是他們兩人在下班之後也沒有閒著，也在想著工作的事。

他們也常常思考：「以公司優秀的同事處理業務的能力和經歷作為參考，假設是自己單獨處理會怎麼樣？今後遇到類似的問題，應當怎麼更好地處理？」他們現在的就業是為了將來創業做準備的，小芮和小加他們雖然沒有創業的經歷，但是從小在商業氣氛濃厚的家庭中成長起來的他們，也聽說過許多，所以他們知道創業是要做好準備的，而不是慌慌忙忙毫無準備。

春節期間，他們兩人將近到臘月廿八才回到了老家。

張燈結綵喜慶的氛圍洋溢在即將過春節的粵東海邊小鎮上，家家戶戶，男男女女，老老少少大家都歡歡喜喜過新年，過年了難免會走親戚串門子。

大年初二，正是走親戚串門的好日子。海邊的小鎮，晚上路邊的燈火，人們在沙灘上點燃了煙花，煙花爆竹的聲音為節日的氛圍增加了喜慶和熱鬧，平時寧靜的小鎮也迎來了久違了的喧鬧和人氣。

夜空中漂亮的煙火，綻放後又落下，瞬間的光彩和美麗不僅點綴著夜空，也仿佛寄託著人們新年美好的願望。

熱鬧的海邊與夜空，一束束璀璨的煙花在這裡如花瓣般紛紛綻放。在海邊的孩子成群結隊，手上的燃放的小煙花也和站在路邊的燈火一樣點亮著夜空。

當小加他們看到了正在快樂放煙花的小孩們，仿佛也看到了他們童年的模樣。

小加沒有走出門口去看璀璨的煙花，而是選擇待在自己的家裡泡著茶，招待著來家裡拜年的親戚朋友，小芮白天去拜年看親戚之後，晚飯吃完便來到小加的家裡，兩人泡著茶正聊著。

不一會兒，小加的表伯父來家裡拜年了，小加起身迎接，就坐之後，小賀熟練地泡起了功夫茶：溫杯入壺、茶葉入宮、高沖低泡、關公巡城、韓信點兵。所謂「三杯酒萬丈紅塵，一壺茶千秋大業」，喝茶已經成為小加他們的生活習慣了。

小加的表伯父是當地知名的企業家，在東南亞和美國等地開過工廠，他也是白手起家，靠自己雙手打拼闖出自己的一片天地，小加的表伯父算是創業成功的前輩了。小加和小芮都有幸和表伯父喝過幾次酒，儘管他平時話也不多，這次也對小加他們表達了他自己對創業的見解和建議，所以小加和小芮都非常敬重他。

「表伯父，喝茶。」小加給表伯父倒茶後，和表伯父聊了起來：「表伯父最近忙什麼呢？今年是何時回來老家過年的？」

小加回想自己第一次見表伯父的場景，那時的他還是孩童靦腆羞澀的模樣。

隨著時間的推移，小加的見識和經歷也逐漸增多，面對長輩的時候，逐漸能夠大方自然地和長輩交談，以虛心的態度向有經驗的長輩請教。

「我今年二十六就回來了。今年下半年公司海外的訂單增多了，下半年從十月份開始都在趕訂單。」說完表伯父也端起了茶杯，喝茶。「你們兩個也畢業出來工作了，怎麼樣？」

「還行，我畢業之後去了服裝設計公司，工作快半年了。學到不少東西。」小加對表伯父說。

「我也是小加一樣，去了服裝設計公司上班了，但不是同一家公司。也是工作快半年，這四五個月來在公司遇見不少優秀的同事和上司，給了我們很多震撼。」小芮和小加的表伯父聊了起來。

小加和小芮都對表伯父聊起了這半年來的經歷，也說出了自己想要創業的想法。主要他們也想聽聽表伯父的建議。

「挺好的，先去工作一段時間，通過就業能學到不少東西。像你們倆這樣剛畢業的，將來也準備創業的，現在就業就是為了將來更好地創業。」小加和小芮聽了都很有啟發，並且微微點了點頭表示認同。

之後表伯父也提到了並不是所有的人都適合創業，認清自己的位置、客觀如實地了解自己、評估自己也是很重要的。

一個優秀的創業者不僅要具備敏銳的商業嗅覺，有獨特的眼光，而且要有百折不撓、越挫越勇的心理素質。所以在創業之前，客觀地評估自己是不是適合創業也是很關鍵的一步。

✦開局不錯

又半年過去了，已經有了一年多工作經驗的小芮和小加他們正在為接下來的創業謀劃著。正是有了在服裝設計公司這段時間的歷練和工作經歷，所以當他們踏上創業這條路時，儘管需要面對的困難和挑戰依舊不少，但是他們的底氣、自信和剛剛畢業那時相比要強的多。

他們兩人對於公司的地點，及和房東簽訂的租賃合約，他們都非常地仔細和謹慎。避開了二手房東，在租賃時爭取到了轉讓權，公司場地的租金也控制合理。公司裝飾上，貨比三家，找到了可靠的裝修公司。這為他們節省了不少開支，把錢花在公司發展關鍵的位置，所謂好鋼用在刀刃上，正是如此。

但是兩人對銷售的這個環節都不熟悉，所以他特地聘請了一個人來主要負責公司銷售，小芮和小加主要分別負責採購布料聯繫廠家生產、服裝設計。公司經過半年的時間開始逐步盈利，過了兩年時間，小芮他們公司還活著而且還小有盈利。

「公司能夠活到現在，而且活得不錯，離不開公司同仁的努力。」小芮這是公司創業開始的第二個年會上的講話。

「按照目前發展的勢頭，我們公司的上一年的營業額能夠達到兩百萬，只要我們能夠牢牢把握住市場需求，而且足夠努力，明年營業額就能更上一層樓……」小芮依舊自信滿滿地說者。

他們兩個人創業初期總是朝氣蓬勃、信心滿滿的模樣，然而為了維持公司能夠持續運轉，使得公司能夠活下去，已然勞心勞力。

公司的辦公室內，其他同事都下班了。

「小加，你當初怎麼會選擇和我一起合夥創業呢？」

「怎麼說呢？說好聽點就是被你人格魅力影響，實際上就是看中你這個人的人品和才華，儘管你也有不少缺點。」小加說完，哈哈一樂。

「被你這麼一說，我倒是有點驕傲了。不過缺點嘛，我自已也知道，有時候太過於倔強了，容易衝動。」

自從創業以來，小芮基本每周工作六十個小時以上，很少有休息放假的時候。他是公司第一個來，最後一個走的人，公司的其他人下班之後，他總會留下來查查公司收入和支出，留心行業內的最新動態和服裝的時尚潮流。

✦繁忙卻不見效的日子

小芮最近的苦惱和頭疼，起因是半年前，在公司工作了一年多的銷售部總監因為自身的原因離職了。銷售部可以稱得上是公司的最重要的部門，因為其他部門都要等著銷售部賺錢回來「養活」，如果銷售部出問題，那整個公司都得喝西北風了。

小芮一開始覺得自己創業兩年多的時間來，對服裝銷售環節和管道已經清楚了解，自己能夠勝任公司銷售的工作，也想借此機會檢驗自己的能力。

一天，公司的休息室內，大家剛剛吃完中午點的外送。小芮和小加一邊喝著水，一邊聊起工作上的事。

「銷售離職，現在誰接手處理這塊業務？」小芮問，而且刻意讓自己的語氣變得平靜，因為他不想把消極的情緒傳給小加。

「這個問題，銷售總監沒離職之前我就有考慮過了。銷售的問題還是需要我們自己親自來，不能長久依靠他人。」小加說，儘管他自己負責設計，其實他對銷售業務以及公司的發展都有著全盤的考慮。

小芮接著話往下說：「嗯，道理大家都懂，就是能不能落實，很好地執行了。銷售決定我們公司的生死存亡，就算我們的產品再好，如果銷不出去，也是白費力氣。公司剛剛起步的時候，我們可以從外面聘人來負責，可是我們要利用這段時間成長起來。」

小加聽完很有感觸，心想：「自己主要負責公司服裝設計這塊，如果再負責銷售，必然不能更好的專注在一件事上，把事做好。」

經過反覆地探討，小芮在原來負責聯繫廠商生產基礎之上，又負責公司銷售的業務。從這一刻開始，他也知道自己肩上的責任重大，一旦公司銷售出了問題，會把自己創業的公司推到危險的邊緣……

小芮每天睡不到五六個小時，早上八點就得出門趕過去公司，看布料聯繫廠商。在網上收集資料，觀察分析同行類似產品的銷售、消費者的偏好。總之每一個步驟，他都很想努力地做好，不想有因為自己的原因使得銷售業績下降。

小芮回到自己的公寓，已經是夜裡十二點多了。此時夜已深，公寓的電梯也變得沒那麼忙碌，這部電梯也迎來這棟公寓當日晚歸的人。

自從小芮負責銷售之後，每天早出晚歸外出跑業務便成了家常便飯，有時候不僅忙到連飯都忘記吃了。

陽光明媚的上午，天氣有些熱。公司員工照常上班處理公司業務，之後開了一個小會。會上小芮和小加他們決定借助網路開放的平臺投放公司產品的小型廣告，希望由此能夠增加銷量，當然推廣費用也不便宜。

這次會議沒多久，小芮就匆匆去聯繫廠商、談價格，約了客戶詳談希望可以尋求到更多的銷售管道……

回到公司，窗外的天色已暗下來了，員工基本都走了。但是小加辦公室的燈火還亮著，拿出手機一看，已經快八點了。

走進小加辦公室，小芮發現他還在電腦忙碌，畫著設計圖。小加稍微抬起了頭，眼神從設計圖紙轉到了小芮身上。

「今天客戶談得怎麼樣？」小加問。

小芮拿起了紙杯喝了口水，低聲地長歎一聲說：「沒談成。」

小加繼續問：「為什麼？客戶怎麼說？」很明顯，小加的神情有些著急，急於追問小芮這次去談生意的結果。他甚至還有要小芮是想和他是正話反說，給自己一個驚喜，結果這次小芮並沒有製造驚喜，而是不拐彎抹角地直說。

小芮解釋了原因說：「對方把價格壓得太低了，儘管要的數量挺可觀的。」

聽完小芮的描述，小加自己若有所思，神色之中也自然透出憂慮來，究竟怎麼處理這些問題，他自己也為難了。

「我們來來好好考慮的問題了，究竟怎麼處理，找出一個方案來。」小加說。

連續三四月銷量下滑得厲害，公司收入少了一大半，然而公司的租金、員工工資支出、機器運轉的費用以及投入廣告和推廣的費用，這些不但沒有減少反而增多了。

過了一會兒，小芮覺得有頭有些發暈，稍微有些手抖的感覺。剛好辦公室的幾塊餅乾可以將就墊下肚子，就著溫水，瞬間桌子上就只剩下空空如也的包裝袋。

看到小芮這麼猛的吃相，小加走了過來，盯著小芮問：「你今天吃了幾頓飯？」

小芮略作思考狀，想想了說：「中午簡單吃了碗麵，時間太趕了，晚上沒吃。」

「我說呢，你估計又沒吃飽，忘記吃飯了。剛剛看你抱頭的樣子，就知道你頭暈。」小加說完，到飲水機旁泡了一杯咖啡給小芮緩解頭疼。

喝完，小芮還調侃自己說：「別人肚子餓是肚子先知道，我是頭先知道。一忙起來再加上忘記吃飯或者沒吃飽就頭暈。」

◆快喝西北風了

小芮從創業以來確實很努力地工作，員工下班了，自己還沒下班。不是在公司工作就是在外面談業務，盡自己的努力去擴大銷售管道，他為公司忙上忙下地付出，公司的合夥人和員工都看在眼裡。

可是，他負責公司銷售四個多月以來，銷售業績逐漸下滑。公司每個月方方面面的開支又是少不了的，他心裡不甘、不解也無奈。如果銷售的情況得不到改善，整個公司都快喝西北風了。

小加看了公司近三四個月的營收情況，他也陷入了沉思當中，他甚至有點自責和後悔。如果當初小芮做這個決定的時候，自己能夠據理力爭，強硬地表達自己的態度，那該多好。

小芮面對的公司出現的危機，他也在想辦法解決。「當初都怪我，對服裝的銷售方面，過於自信了，心存僥倖。把自己的勤奮錯當成能力了。」

「如果當初我能及時站出來阻止，也許就不是今天這個局面了。」

「我對自己在銷售上的能力理解出現了偏差，我以為看了之前我們聘請的銷售總監這麼久的時間，就覺得自己就能勝任銷售的工作了。銷售是一件專業的事，需要花很多時間去學。而我呢？初開始認為銷售不是一門專業，門檻很低，誰都可以勝任。哪知道等到我上手負責銷售的時候卻發現不是那麼一回事。」

「術業有專攻，銷售怎麼不是一門專業呢？如果我們自己能勝任，我們當初就不用花錢去聘請銷售了。」

聽了小加的話，小芮沒有反駁，而是選擇了用沉默表示認同。如果是換成是平時，小芮肯定會反駁小加的話，因為小加這次說的也是事實。

「現在我們不是懊悔和自責的時候，還是老老實實地面對現實，想出應對的辦法，採取措施。」小加說。

「我想過了，這次公司出現大額的虧損，主要責任在我，我去負責籌錢，讓公司度過目前的難關。」

「小芮，我也有責任，我也會去想想辦法。從這個月開始，我就不領薪水了，等公司度過這個難關再說。」

「我也暫時不拿薪水了，當下的緊急任務就是調整我們的銷售策略，根據市場需求恢復我們公司產品的生產……」

心情不佳的小芮，離開了公司，開著車來到了海邊。

之前小芮心情不好或者對前途感到迷茫時，他總會一個人來到海邊。站在海岸的大石頭上，看看大海的廣闊，海浪拍擊著岸邊卷起白色的浪花，聽聽海浪的聲音。

儘管大海不會說話，但彷彿能夠知曉小芮的心境，面對大江大海的遼闊，心情更靜、思考得更深入。

✦引以為鑑

無可否認，小芮負責銷售之後，沒有偷懶，也很勤奮地工作，起碼表面看起來是這樣的。

但是我們要明白勤奮不一定有用，勤奮也不一定代表能力。

小芮忙到自己沒有假期，甚至也忙到忘記吃飯，但是他把勤奮誤以為是能力了。

今天的年輕人，勤奮努力的人很多，有想法而且願意去執行的人也不少，可是並不意味著所有勤奮努力的人都會成功。

在今天創業的浪潮中，有多少勤奮努力而且有想法的創業者？其中又有多少人能夠創業成功？

有時候很多的努力只是自己以為的努力，假裝的努力和無效的勤奮恰恰只會讓人更加焦慮和無助。

在今天創業的大潮中，努力勤奮的人太多了，創業失敗的人群中有哪些是不夠勤奮、不夠努力的？

如果說只要努力勤奮就可以成功，那也把創業這件事想得太簡單了。

創業的成功的因素中，個人的勤奮和努力只是必要條件，有了勤奮和努力還是不能保證能創業成功。

正確地認識自己的能力，在自己熟悉的領域內耕耘，把自己擅長的領域做好。尊重專業的人才，創業需要創造力也需要靈感和想法，但要根據市場的客觀條件。

由以上的例子，我們應該知

道：你沒有選擇正確的方向，甚至是在相反的方向的時候，努力只會讓我們離想要實現的目標越來越遠。

沒有找對方向的努力和勤奮，也會讓我們產生致命的錯覺。

創業和銷售產品是為了創造價值、服務社會大眾，一廂情願的勤奮不是能力，也不太可能是創造價值。如果案例中的小芮，能夠對自己的能力有客觀的認識，真正了解市場真正的需求，明白掌握銷售的技能，在正確而且符合市場規律的方向，勤奮努力地去做，自然能收到正面的回饋。

更糟的是，明知道沒有找到正確的方向，偏要憑藉著自己的主觀意圖去嘗試，美麗的錯覺只會換來沉重的代價。

俗話說商場如戰場。

如果沒有找到自己擅長的、適合自己的領域和方向，僅憑藉著自己的滿腔熱情，沒有專業知識支撐和對市場需求的客觀把握，盲目地去創業或者做生意，就像一個人赤手空拳上了充滿槍林彈雨的戰場一樣。

在這個戰場上，那些做好充分準備、有裝備有武器的人都不一定堅持到最後，更何況赤手空拳呢？

在青年創業過程中，類似於像小芮這種錯把努力當成能力的例子，還有很多，例如把自己的設想當成市場需求，沒有把客觀把握市場真正的需求的……

CHAPTER 2

沒有成本預算是個不小的「坑」

子夜，公寓宿舍的燈火還沒熄滅，小江的筆記型電腦和兩部手機都還亮著螢幕，筆電和手機的提示聲和震動像是不小心按了連續播放的歌曲，一個接著一個，似乎沒有間斷過。秒針的滴答聲和手機、筆電的提示聲的繁忙已經占據了他大部分的生活，小江已經逐漸習慣這個節奏了，因為這樣忙碌的夜晚已經持續了兩三個月了⋯⋯

小江從大學畢業之後，剛好遇上電商的風口，做電商代理在一年多內賺了三四十萬。由於剛畢業沒多久就嘗到自己創業的甜頭，所以他也希望自己下次再創業都能有這麼好的機遇和幸運。

在兩個多月前小江就已經在選好了店面，將近五十多坪的店面，靠近地鐵口的商場裡面。儘管租金比普通位置多了兩三成，但是小江覺得店面附近有商場和地鐵口，交通便利和客流量大，所以他也就咬咬牙租了下來。他通過朋友的介紹，找了家裝修公司，簽好了協議，裝修公司團隊一周後按照小江自己的設計想法開始有序地進行裝修。

從打算開始再次創業這兩三個月以來，小江開始時每天總是信心滿滿的、滿懷壯志、對於自己的未來有著美好的期待，他也知道創業九九％的人都會失敗，但是也希望幸運之神能夠降臨在他身上，讓他成為幸運的一％。所以那些天他都在為店面選址、裝修設計、採購材料這些事情而忙碌。

這些事忙前忙後，事無巨細，每天接觸各行各業不同的人，小江自己覺得目前生活雖然忙碌，倒也覺得過得充實。可是這種所謂的「充實」是自我感覺的良好，是虛幻的而不是真實的。

在工作了三四年之後，小江還是毅然踏上了創業的路，因為飲食是創業門類中是屬於比較熱門的，而且再加上自己對於美食感興趣，所以他選擇了餐飲行業作為他創業的方向。

但生活中很多事並不是僅僅因為感興趣或者喜歡就可以做成功，就像很多人小時候的夢想當科學家或者藝術家，也展現出對科學或者對藝術濃厚的興趣，但不見得他們最後就能如願從事自己感興趣的職業。同樣的道理，單憑著自己的感興趣去創業，也不見得最後能夠創業成功。

✦苦惱的小江

隨著手機的一聲震動提醒，小江隨即拿起放在桌子上的手機，原來是快遞物流的資訊，他為了開一家以天婦羅為主打的日本料理店，網購了店面所需的裝修材料、餐飲廚具、空調、桌椅……

在公寓內，小江的書桌上還有一堆書，都是關於飲食文化的。那一堆書的書背上寫著：《中國飲食文化》、《粥的歷史》、《中國八大菜系》、《舌尖上的新年》、《日本飲食文化》、《日本料理點菜高手》……有些書很新，沒有明顯的翻閱的痕跡，有幾本書不僅有明顯的折痕，而且在書上的某些地方畫起了圈圈、簡要做了筆記。

在工作臺的上方還有四個楷書大字：力學篤行，明顯能看出學唐代顏真卿的風格。這四個字出自：陸游《陸伯政山堂稿序》：「伯政家世為儒學，力學篤行，至老不少衰」，意為努力學習，切實地實行。這個四個字也符合當下正在創業的小江的心境，他有目標有憧憬，並用踏踏實實勤勤懇懇的態度去努力。

小江之前不僅喜歡日本料理，而且還以此為契機去閱讀和日本飲食文化相關的一些書籍，他也越來越明白每一個地方的飲食文化的形成背後都與當地的氣候、地理、歷史以及民俗有著緊密的聯繫。

在飲食的門類中，火鍋對廚師烹飪水準的要求門檻是最低的，甚至可以說沒有烹飪上的要求。然而，小江想要做日本料理，這對廚師的廚藝要求還是很高的。當然，在這一點上，小江可以通過聘請日料廚師來解決。所以他在一邊在網上購買裝修材料的同時，也在物色合適的廚師。

小江當然明白廚師水準的高低對餐飲業能夠持續下去起著決定作用，所以他想千方百計想要找到一個優秀的廚師，儘管之前也有一個廚師的人選了，但他還想能夠找到更好的。可是找一位高水準的廚師，他的薪資自然也不會低，特別是對於剛剛開始創業的小江來講，更是一筆不小的支出。

小江公寓的燈還亮著，手機響起了，他熟練地滑動手機，接起了語言電話：「嗨，老同學，有什麼事嗎？」

他點開擴音器，急急忙忙地，一邊注意聽著手機傳來的聲音，眼睛還等著另一部手機和筆電的資訊，彷彿生怕錯過了什麼重要資訊。真是分身乏術，一心多用。

手機的另一端傳來小江熟悉的聲音，原來是大學同學小彭打來的，邀請小江周末的時候出來聚聚。

小江一邊關注著電腦，一邊側身靠近手機，不假思索地回覆說：「聚會我就不去了，最近太忙了，你們玩的開心……好的，那下次再約，再見。」說完之後，掛斷了通話，小江也歎了一口長長的氣。

小江又接了個電話，「是這樣，你們玩得開心點，我實在是暫時抽不開身去參加，抱歉，我們下次再約。」面對另一個朋友的邀約，他還是拒絕沒去。

小江眼前還有一大堆事等著他去處理，哪能抽得出身來去參加同學朋友的聚會？如果時間允許他也很想去參加這次聚會，畢竟大學畢業之後，大家都很少見面了，難得可以聚一次，可又是實在抽不出空。

夜已黑，城市進入了和白天不一樣的夜間模式，城市的創業青年卻也依舊忙個不停。

電腦和手機也瞬間變得「乖了」，不吵不鬧，安靜了許多。小江可以喝口水，坐在靠椅上稍微休息一下。這個時間已經很晚了，等小江忙完今天的事，看了下手機螢幕上的顯示，已經過了夜裡十一點。

這時，傳來開門的聲音，隨即打破屋內的寂靜，小江自己才想起來有件重要的事情沒做。

「我回來了，出差快一個禮拜了，你有沒有想我？」一身職業女裝的妙齡女子用略帶撒嬌的語氣對小江說話，是小江的未婚妻阿楚，從話語中能看得出她的疲憊。

阿楚是會計，需要經常出差，一年半前通過註冊會計師的考試。他們倆在一起已經快四五年了，也準備結婚了。

「阿楚，你回來了。出差這麼多天，辛苦了。舟車勞頓這個詞真是不假。」小江明顯能看到未婚妻的勞累和辛苦，今天他忘記去機場接阿楚回來了。「我剛剛煮了湯麵，我想你也餓壞了。」

「被你這麼說還是真是有點餓，我先去把西裝換一下，上班的服裝下班還穿真不習慣。」阿楚回到了家，特別是在小江面前就柔和了許多，包括說話也是這樣，完全不是在職場的那種狀態。

「那我先去煎兩個雞蛋，盛好麵等你來。」看到阿楚回到了家，小江也頓時放鬆了些。說完，他們各自又忙去了，阿楚去換了一套居家穿的衣服，小江轉身就奔向廚房，熟練地煎起了雞蛋。他特意煎了兩個溏心雞蛋，那是阿楚喜歡吃的。他在煎蛋的時候，特地調了小火慢慢煎。

不一會兒，雞蛋便煎好了，順帶用水煮了一些青菜和半個胡蘿蔔，撈起來輕放在裝著麵的碗裡，端到了餐廳。

小江剛要準備喊阿楚出來吃飯，一轉身已經看見了阿楚走向餐桌。

「你也坐啊，站著幹嘛。今天的麵，蔬菜很豐富。」阿楚看到桌上小江為她煮的麵，心裡覺得暖暖的。

「我今晚本來想要去機場接你回家的，但是沒想到卻忘了。」小江話音未落，就聽到阿楚說：「我知道你最近在忙創業開日料店的事，我知道你很忙。」她是一個明白事理的人，情侶之間最後能夠走到一起，生活在一起，相互理解是非常重要和關鍵的。

阿楚拿起湯匙喝了一口湯，吃了一小塊雞蛋。「這湯好喝，有雞湯的味道。」聽到阿楚這麼說，小江很高興，「這湯是我用從超市買的雞肉燉的。」

「你看我厲害吧，哎呦，雞蛋還是溏心。」小江還不忘誇下自己。快樂開心有時候也可以很簡單，對於此刻的阿楚來說，出差回家之後，有自己心愛的人做的一碗麵外加一個溏心的煎蛋就是開心的泉源。

「我知道你喜歡溏心的雞蛋，所以我特地為你煎，趁熱吃。」看到阿楚的臉上滿足的笑容，在為創業辛苦了一整天的小江看著阿楚的笑容心裡也甜甜的，猶如春風拂面吹過，頓時神清氣爽。

不過小江也有自己的苦惱，但是他不敢也不想和阿楚說，因為他不想讓阿楚為他擔心。他不說，阿楚也不問，但並不代表阿楚察覺不出來。

收拾完餐桌，過了一會兒，小江拿起了手機，點開帳單明細，總資產那裡的數字也變得越來越少了，店面和租房的租金、店面的裝修費用、配套的電器……這些都要錢，而且有些款還沒付清。

忽然覺得空氣也瞬間變得安靜起來，小江也變得沉默了，陷入了苦惱當中。夜已深，人也進入了夢鄉。明天太陽照常升起，儘管生活有諸多的不易，但總有新的希望和新的期待。

✦創業未半而錢快見底

小江為了把日料店開成，前前後後一共投入了八十多萬的資金。如果沒有找到更多的資金，開張之後就沒有現金流可以周轉了。怎麼處理這問題，一直在他的腦海中環繞，苦苦思索著解決的辦法，可他有時候卻不敢想得太深入，因為他自己也害怕。這幾十萬是他自己上了大學之後，好不容易存下的積蓄。這八十萬有十幾萬是家裡的父母提供的，還有十萬塊是阿楚的儲蓄。

在開日料店之前，小江從有想法到租到店面也有三四個月的時間了，他的租金和裝修的花費也著實不少。

這天傍晚時分，小江下樓去取快遞，從社區門口往回走的時候遇到了自己的同鄉俊哥，一番詢問之後，原來阿俊也住在這個社區。

「小江，怎麼一幅悶悶不樂的樣子？」俊哥打量著小江的神色，低聲地並且帶著關心的語氣問道。

「沒什麼，俊哥。」小江用自己拙劣的方式想要掩蓋過去並且還強裝笑意，所謂皮笑肉不笑大概就是他此刻的樣子。

「沒什麼就好，大家都是同鄉朋友，有什麼就和我說。儘管不一定都能幫上忙，但起碼多一個人多一個想法嘛。」俊哥也順著小江的話說下去，沒有刻意打破砂鍋問到底地追問。

「你呢？俊哥，這幾年你在忙些什麼？」

「我啊，從高中畢業出來之後，就在從事餐飲行業，主要是做粵菜。」俊哥笑著說。

小江一聽俊哥也是從事餐飲行業的，而且又比自己多了七八年的工作經驗。一來二往，兩人之間的話匣子也就自然打開了。不過小江今天還有事情要忙，很快又回到自己的公寓忙自己的事啦。

原來俊哥和小江不僅是同鄉，而且是遠方親戚。俊哥沒讀大學就出來城市找工作了，這十年的時間裡，他從粵菜的幫廚、廚師到廚師長，兩個月前才剛當上酒店的行政總廚。多年從事餐飲業的經驗使得俊哥對餐飲行業的理解和把握要比一般人的深刻和透徹，所謂做一行精一行，術業有專攻。

這是小江開始餐飲創業的第九十一天，從信心滿滿、滿懷期待的創業初期到現在的忙碌苦惱。現在還沒開業，手頭上可用的資金也快用的差不多了，他也納悶錢怎麼會用的怎麼快，究竟是哪個環節出了差錯？

✦小江的窘境與俊哥的提醒

大概隔了兩三天，小江和俊哥兩人又在社區的門口碰到了。

「小江，到我那裡喝杯茶，怎麼樣？」俊哥問道。

還沒等小江回答，俊哥接著說了一句：「走，上我那裡去……」

俊哥熟練地燒水、洗茶杯、沖茶、泡茶，霎時間屋內充滿淡淡的茶香，兩人聊起來了。小江把最近自己的遭遇和煩惱都對俊哥坦誠相告，他之所以慢慢放鬆心理的戒備對俊哥坦誠，是因為俊哥畢竟是在餐飲行業工作的經驗都比自己長，希望俊哥能給自己一些指點，今後能夠避免在餐飲行業裡「踩雷」。

俊哥聽了小江說了自己資金不足，可能很難撐到開業的窘境之後，喝了口茶沒有出聲，反而沉默了幾秒鐘也稍微長長低聲地歎了口氣。

「怎麼沒提前做好成本預算呢？成本超支的很嚴重，沒有提前計畫。」俊哥帶著惋惜的語氣問。

「我有大概的預算，但是沒想到錢花的這麼快。其實我有問過從事餐飲的朋友……」小江試圖辯解著。

「現在的情況就是到了創業未半而錢快花了完的地步，對吧。」

「差不多，更尷尬或者煩惱的是還沒開始營業，錢就已經花得差不多了。比你那個創業未半，還要糟糕一點。」小江自我調侃道。

「沒有成本預算的概念，是創業的大忌，也是剛開始創業的年輕人的通病。我剛創業的時候，也或多或少吃了沒有成本預算概念的虧。」俊哥接著追問：「你這次創業的啟動資金哪裡來的？」

小江不自然地拿起茶杯，手指稍微有些抖動，不細細觀察還真看不出來，他抿了抿茶湯似乎想平復自己的焦慮和慌亂，然而這一切都被細心的俊哥看在眼裡。

「一大部分是自己大學期間自己存的，還有一部分是家裡父母給的。因為做電商做代理的時候，運氣好遇上風口，嘗到了甜頭。」小江降低了聲調回答著俊哥的問題。

「大部分的人初次創業都是以失敗收場的，我當初創業的時候也不例外。控制成本支出，做好成本預算是關鍵的一環。那時候我知道自己創業的錢來之不易，我儘管有提前做好成本預算，可現金流還是很快用完了，所以我初次創業的結局可想而知。做好成本預算不是一件容易的事，不僅要有這個意識，而且也要落實到每一個環節，每一個產品的性價比都要去了解比較，這是非常重要的功課。」俊哥耐心地向小江解釋。

之後，俊哥讓小江把自己近兩三個月的資金支出詳細給他看看，不看不知道，一看嚇一跳。有一部分的裝修材料、空調、餐飲工具的價格比市場價格都普遍高百分之十幾二十多，甚至有的貴了百分之四五十，其中兩台的空調就花了一共花了五萬多……

「其實創業和我們平常做事是一樣的套路，就是眼界要寬廣，有長遠目標，但是光有長遠的目標是不夠的，那就需要從細節處著手落實了。」小江認真地在聽俊哥說。

之後，俊哥也向他分享自己的親歷過的見聞：「現在我們一說到創業，很多人首先想到就是開餐廳，做餐飲，因為這些人覺得餐飲業門檻低、市場需求大。」小江點頭，沒有說話。

「小江，你有看過去年餐飲報告嗎？新開的餐廳倒閉的占九二%，失敗的機率挺高的。你租金的支出占到營業額多少比例？」

「沒仔細看過餐飲報告。大概占到二五%，所以租金壓力對我來說挺大的。」

「二五%，這個比例挺高的。能不超過十五%，把租金控制在十五%以下才合理一些。」俊哥幫助小江去復盤他創業遇到的坑，小江知道在成本控制上做得不好，但實際上在成本控制上沒想到比自己想到的還要糟糕。

「這樣的租金不便宜，你把店面選在哪裡？你簽訂合約了嗎？」

「我挑了一個靠近地鐵口的商業廣場上，五樓。簽合約了。」小江說完轉身進屋內取來租店合約遞給俊哥過目。

俊哥也看得很仔細，但是沒有出聲，「條款裡面有注明可以辦理餐飲類別，不錯。你店面的房東是房東本人來談的嗎？就是一手房東。」

「我當時和房東簽約的時候，他說這店面是他在國外的親戚的，目前不在國內。」

「小江，你被這二手房東給騙了。他這麼說就表明他不是一手房東，甚至有可能房東也不是他的親戚，他就是二手房東，靠轉讓店租來賺錢的二手房東。你有爭取店面的轉讓權嗎？」

「沒有，我以為把執照順利辦下來就可以了。」

「辦餐飲類的營業執照只是基本要求。不僅要確認對方是不是一手房東，而且也要爭取店面的轉讓權，調查清楚再簽約。現在不是一手房東，今後正式營業會比較讓人頭大，投訴、消防和環保的問題都會有的。你沒有爭取店面轉讓權，這不應該，萬一沒生意不做了，我們還可以把店面轉讓出去，還有一筆轉讓費可以收。現在如果生意不好，不做了，我們就只有關門這一條路了。」

「俊哥，有什麼解決辦法嗎？轉讓權沒爭取是個麻煩，希望不要到那一步。我現在也才沒有營業多久。」

「不是和一手房東租的，當然今後可能在辦理消防、環保這些證件的時候會比較麻煩，多跑幾趟了。二手房東是坑人，下次注意就是了，多留點心。」

小江聽了點頭，不僅感慨：「原來餐飲行業有這麼多的坑，我一個餐飲新手還是免不了踩坑。」

「餐飲業確實是有很大的市場，人人都要吃，一日三餐，當然現在不止三餐。但餐飲也是一個食材成本高、人力成本高，前期投入成本偏高的行業。所以餐飲創業在前期就要控制好成本，不要出現創業未半而錢先花完了的局面。」俊哥很有耐心地向小江介紹和解釋，那是他在餐飲業摸爬滾打多年獲得的經驗和教訓，目的就是讓小江能夠從中有所啟發，少踩一些坑。

沒有成本預算的概念，購買了比市場價格甚至還要高百分之四五十的產品。在租店上，房東不是一手房東，開業之後會有環保、消防和投訴等一系列的麻煩。租賃合約上也沒有爭取店面的轉讓權，店面的租金占到了營業額的二五％，這是一個嚴重偏高的比例。儘管小江店面的選址不錯，有客流量而且交通便利，但是成本的支出和風險的控制都沒做好，這也給他帶來了很多風險。

✦ 一年後

一般餐飲行業的生命周期大概為一年半，小江創業也逃不過這個規律，差不多一年的時間就明顯感覺到支撐不下去了，小江這次創業也難逃失敗的結局。這個日料店讓他虧損了一百多萬，只是令小江想不到的是自己沒想到這麼快就如此清晰地預見自己這次創業的失敗。

本來他想第二年和阿楚結婚的，現在他猶豫了，他擔心不能給阿楚一個幸福的未來，也不想讓自己心愛的女人跟他受累受苦，他之所以猶豫要不要結婚是因為他還愛著他的未婚妻阿楚。阿楚這幾年在工作上努力賺錢支援自己創業，在生活上也關心和照顧著自己，兩個人在大城市的繁忙中相互依靠。

他在阿楚的逼問之下，也袒露了自己的心聲。儘管小江創業失敗了，和眾多的創業者一樣在都遭受了失敗。但通過賠了一百多萬，他也有不少的收穫，這些收穫是賠過錢、踩過坑才有的經驗和感悟。小江創業是失敗了，也賠了一百多萬，那對他來講當然不是一個小數目，這裡面有家人也有未婚妻對他的信任。正是因為不想辜負這份信任，他不甘心不服輸，也不氣餒。

✦我們的反思

小江儘管這次創業失敗，但他在試錯中學到了經驗，花真金白銀買來的經驗教訓總是比較深刻的。小江創業不順，難得的是他的未婚妻阿楚卻沒有拋下他或者嫌棄他，她在小江的身邊默默地支持他，因為他相信自己選擇的男人，相信小江的能力和才華，也相信自己的眼光和判斷。

小江的經歷，又讓我想起了我在臺灣聽到的一個故事：多年前，我到屏東演講，認識了一位朋友介紹的知名醫師。這醫師在吃飯聊天時說，他高中時是一個體育很棒的田徑選手，經常在全臺運動會中名列前茅。後來，他的女朋友考上國立大學了，他自己卻落榜了。他女朋友認為，他只會體育、田徑、賽跑，頭腦簡單、四肢發達，將來一定沒有什麼出息，所以就跟他分手了。

這位體育健將、全臺金牌的田徑選手，大受打擊，就開始用心準備、全心全意的重考大學。

天不負苦心人。這位田徑健將，最後考上國防醫學院，畢業後當上了軍醫，服務期滿後，在屏東地區為民眾服務，直到現在……

聽到這名醫師的故事，我真是感動；因為，他沒有被女朋友的分手而擊倒，反而越挫越勇、再接再厲、創造出自己最棒的價值！他說：「還好，當時被女朋友甩了，否則，他今天就不會是當醫生了！」

小江和臺灣屏東這位醫生的經歷相比，顯然小江相對比較幸運的，每個人都會經歷各式各樣、大大小小的挫敗，但是挫敗是用來勵志的，不是用來喪志。人無論什麼時候都不要輕言放棄。

看完我們小江創業失敗的故事，我們也許會笑他「笨」，但是我想說不要笑，我們應該反思自身。從小江創業的過程中，他親身經歷了好多坑，其中大部分坑是他花了代價才明白的。餐飲創業領域，選好門店、租門店是關鍵的一步。小江在經歷過租門店的坑後，才更加明白有時候選擇比努力更重要。

小江在創業的過程遇到的坑有：首先，與他簽訂租賃合約的不是一手房東，而是二手房東，這給他在開業之後帶來很多本來可以避免的麻煩，有相當大的潛在風險。其次，沒有做好成本預算，租金超過了營業額的十五％以上，店面裝修的購買的材料遠遠超過市場價格。以及沒有在和房東簽訂租賃合約時爭取店面的轉讓權。因此小江的店，一旦沒生意了就只有關門大吉的這一條路，不能轉讓。

小江失敗的主要原因，在於沒

有做好成本預算支出，是我們剛剛踏上創業之路的青年人常常會犯的錯，這些創業者的創業領域也許不一定和小江相同，他們採購的具體產品和價格也許也不會相同，但錯誤是一樣的。

經歷這次創業的挫敗，小江更加堅定自己的目標，一次的挫敗並不能打倒他。

沒有成本預算確實是創業過程中一個不小的「坑」。小江在創業初期對未來的憧憬、期待、信心滿滿、到後來消沉低落、承受巨大的壓力的這一個過程，也是絕大多數創業者必須要經過的心路歷程。

現實中，我們能看到那些創業成功的人只是金字塔的塔尖部分，更多的看不到的是創業過程中失敗而躺下的。

明顯小江這次創業遇上最大的「坑」是沒有做好成本預算，但是換個思路，即使小江這次就算做好了成本預算支出，也不一定能保證的這次創業能夠成功，因為成功的因素是綜合而多種多樣的，失敗的因素總是類似的。

當然，在創業的路上，會遇到餐飲行業的坑還有很多。選擇一個好的店址或者地點是非常關鍵的，換句話說，在租店面的過程也會遇到不少坑，這些坑也讓我們創業者花了錢買了教訓。

在創業過程中，還有許多虛假的「自我感覺良好」，也是導致創業者不能夠做出客觀判斷的主要原因，我們不能把自己對市場的臆想當成實際的市場需求，市場需求是客觀的。

CHAPTER 3

外貿公司的「試驗題」

小林在臺灣念完大學之後，決定前往廣州工作，順利入職了一家總部在廣州的從事對外貿易的公司。

由於從小就生長在沿海的漁村，生活的不易造就小林性格的堅韌，大概從小學四年級開始就能幫父母的忙，做些簡單的工作，他早早地就體會到生活的滋味。

儘管他在漁村的生活比不上城市的繁華，但生活在漁村也有漁村的好處，在漁村成長起來的小林也能在生活中找到屬於自己的樂趣。

兒時的生長環境鍛煉他的體魄和意志，也形成了他樂觀、質樸和堅強性格。最重要的他擁有一個溫馨有愛的家庭，父母為他們幾個兄妹的健康成長辛勞地付出，幾乎每天是早出晚歸的工作，雖然工作是累了點，但是能看到兒女們能夠健康地長大，他們也覺得值得了。

父親身上的勤勞與堅韌，母親身上的樂觀豁達，都能在小林兄妹的身上看他們爸爸媽媽的影子。雖然小林兄妹童年的物質生活並不富足，但這不妨礙他們健康快樂地成長。

小林父親早出晚歸地開著船去海上打漁，付出的辛勞總算得到了回報，打漁的不易和汗水也換來了滿載的魚獲。

母親不僅是料理家務的能手，而且父親工作的好幫手，父親捕魚賺到了錢，小林兄妹幾個也能接受到更好的教育。

在海邊長大的小林，靠海的環境也在無形之中影響了他的性格，就像小林上初中時聽到歌手鄭智化的《水手》那首歌唱的那樣：「苦澀的沙，吹痛臉龐的感覺，像父親的責罵，母親的哭泣，永遠難忘記。年少的我，喜歡一個人在海邊，卷起褲管光著腳丫踩在沙灘上，總是幻想海洋的盡頭有另一個世界。總是以為勇敢的水手是真正的男兒，總是一副弱不禁風孬種的樣子。在受人欺負的時候總是聽見水手說，他說風雨中這點痛算什麼，擦乾淚不要怕，至少我們還有夢……」

他之所以喜歡這首歌不僅是因為這首歌朗朗上口，而是歌詞的勵志，最重要的是這首歌的描述有著小林熟悉的情景和生活經歷，鞭策著自己努力前行。

由於父母親的勤勞和無私付出，小林大學才能取得優異的成績。大學畢業之後，小林本來有著繼續深造，讀研究生的機會，但是他還是放棄，果斷地選擇了工作。儘管當中也有客觀的原因，但是最主要的原因是他想早一點出來工作賺錢，減少父母親的壓力，他的兩個妹妹和一個四弟還在讀書，兩個妹妹剛剛上了大學。

小林的這個想法沒有對家人提起過，不過他們支持小林做出的選擇，只是爸媽對他說：「做選擇之前要三思而後行。」

所以小林畢業之後沒有選擇留在臺灣，固然臺灣有著不錯的工作機會，但是他更看中大陸的發展，特別是粵港澳大灣區的經濟活力以及未來發展的潛力，所以他來到廣州工作，小林工作的公司總部在廣州，在深圳以及他們珠三角地區都有分公司，公司的主要業務是從事進出口的貿易。

來廣州的第一年，小林不僅在工作中鍛煉了自己處理事情的應變協調能力，而且他的才華也得到了上司的賞識，所以來公司第一年的年終獎就比同一批進公司的同事還要高一些。但是小林還不能完全熟練並且遊刃有餘地處理公司的部門的事，還需要部門負責人再帶一帶，多加鍛鍊。

✦飯局「砍價」

這天，下午兩三點，小林就打電話去餐廳那裡預訂了這個包廂，之後就安心工作了，處理自己今天手頭上的業務。

轉眼間，已到傍晚六七點。剛來廣州工作一年多的小林，對廣州其他的地方也許不是很熟悉，但是對這家餐廳卻是再熟悉不過了。

這一天，城市在繁忙的節奏中拉下了夜幕，小林他們一行人下班後從公司驅車前往飯店。這是貿易公司總經理陳總和東南亞一家貿易公司負責人在一單進出口貿易談妥之後還沒正式簽訂合約之前的一次飯局，而小林就是公司指定負責這次貿易的主要負責人。

眾人下了車，沒走幾步路就到了餐廳門口了。映入眾人眼簾的是這家餐廳富有嶺南文化特色的設計和裝修，進入餐廳的大門，會發現底板還有一些印花的底板瓷磚點綴著以麻黃色為主體的地面，既保留了嶺南文化一部分復古的傳統，又有現代化的設計。從室外的傳統嶺南西關大屋到室內餐廳內灰麻色和白色的牆面相互映襯，既傳統又現代的設計感，讓人眼前一亮。這種既有傳統又有現代的感覺，難道不是也和今天的廣東人一樣嗎？既有傳統的一面，又有開放包容的一面。

在服務員的帶領之下，不一會兒就來到一個安靜且有文化氣息的包廂了。包廂周圍牆上掛的畫是有著嶺南特色的建築，點綴著這個包廂的環境。牆上還掛著一幅對聯，筆法和結構類似於廣東清末民初書家康有為的「康體」，當然不是康有為的真跡，應該是現代人所寫，對聯的內容是：「勝友如雲笑語多，泉清月映酒光杯」，右側落款為「無塵居士書于羊城」。這幅七言的對聯和餐廳包廂的環境可謂是十分貼合。

這家餐廳靠近珠江邊，不僅菜品可口而且景觀好，更讚的是飯店的落地大玻璃窗，可以一覽廣州塔的燈光和遠處的珠江夜景，所以小林他們公司招待重要客戶都會選擇來這裡聚餐。

結束一天忙碌的工作之後，能夠找到環境這麼美又安靜的包廂，真是夫復何求。這家餐廳主打粵菜，而粵菜作為中國八大菜系之一，以做工精美、食材鮮美而味道清淡聞名。

進了包廂內，小林安排落坐之後，就去張羅著點菜了，在來的路上細心的小林已經詢問了大家的口味和偏好，所以小林很快就點好菜了。

大家在餐桌上坐著等著服務員上菜，桌上還有一些像花生米、拍黃瓜以及海帶絲這樣的下酒菜，趁著等上菜的空隙，大家也聊起來了。

酒桌上，人陸陸續續坐滿了，有的人在低頭刷著手機，有的人在手機上看檔案，有的人在看手機上看幾天股票的行情走勢……

「這家粵菜館不錯。不僅裝修設計有嶺南地方文化的特色，而且位置也好。落地的玻璃窗還能看到珠江，還能看見廣州塔，難得有這麼好的地方。今天承蒙陳總盛情款待，才可以來到這麼有格調的餐廳。」

說話的是王總，小林這次負責外貿的單子，就是和王總他們公司合作的，王總本名叫王忠黎，是一家總部位於深圳的外貿公司的部門經理。三十歲出頭的小夥子，也算年輕有為，有才華也有青春的活力。

王忠黎個子不算高，但長得精神，人也帥氣。多年的工作經驗讓他很擅長和形形色色的人打交道。

「哪裡哪裡，今天是你肯賞光，也很開心，大家今晚能聚在一起。」陳總作為今天的東道主，熱情地招待著他們。因為陳總比王忠黎大十來歲，又在飯局之上，所以陳總親切地稱呼他為小王了。

菜也陸陸續續地上齊了，第一道是色香味俱全的傳統粵菜——白斬雞；第二道是色澤金紅和皮脆柔嫩的脆皮燒鵝；第三道是客家釀豆腐，是粵菜也是客家菜；第四道是糖醋咕嚕肉；第五道是清蒸東星斑；第六道上湯焗龍蝦，肉質白皙，鮮美可口；第七道是常見的潮州菜——牛肉炒芥藍……眼看上菜了，陳總於是就開始招呼大家開動了：「大家吃，都動筷子，趁熱涼了不好。」

「好，大家都請。」眾人應和著，這時大家眼看陳總拿起了筷子，便吃了起來。

「今天這些菜都是粵菜中常見的菜色，口味偏清淡。廣府菜、客家菜和潮汕菜都有了。」陳總說完這句，就讓小林具體介紹下菜品了。

廣州的氣候儘管四季不明顯，似乎只有冬夏兩季，但氣候宜人，不僅是宜居的城市，也是富有商業氣息和有著深厚歷史底蘊的城市。珠江水不僅灌溉著沿江兩岸的農田，滋養著兩岸的百姓，發達密布的河網也孕育了珠三角成為中國人口集聚最多，創新綜合能力最強的三大城市群之一，珠三角地區有了粵港澳大灣區，也成為了能夠比肩美國三藩市灣區、紐約灣區和日本東京灣區的世界四大灣區之一。

珠三角是廣大年輕人追夢的地方，像小林這樣的青年人之所以選擇留在廣州發展，正是看中了珠三角的發展未來。在珠三角這個地區，許多有才華的人不用擔心會被埋沒，因為是金子總會發光的。

眾人在靠近珠江邊的這家餐廳包廂內，品著粵菜，喝著美酒，看著珠江夜景，好生愜意。

酒過三巡，推杯換盞之後，天南海北一頓閒聊之後，陳總借著酒興對採購說：「小王，我看我們這單採購的價格再低些，給一個合適的價格，說不定我們今後還能有持續的合作呢……」說完之後，陳總也稍停頓了一下，其實他想看看對方的反應，並不急著說話。

聽到陳總的話，小王心裡難免有些嘀咕，他也在琢磨陳總此話的弦外之音，多年在商場上磨練的經驗，能夠讓他從容地應對，所以他並不急著回答。

酒桌上的其他人，剛剛還在喝著小酒，吃著菜。可是聽到陳總說話了這番話之後，都自然地把節奏放慢下來，也想看看陳總和小王各自的應變處理能力。

可是，在一旁的小林以前很少碰到這種情況，所以此刻的他顯得很木訥，甚至連手都不知道放哪裡才好。其實小林的心裡也想讓對方把價格降下來，可他認為自己能力不夠。

小王眼神掃過小林，落在公司陳總身上，不慌不忙地回應說：「陳總，價格和市場上的其他賣家相比，我們公司的價格是公道的，不過陳總您在價格上有異議，我們還是可以商量的。」多年從事外貿的他能夠從容地處理這些問題了，所以他在回答陳總問題時說得比較委婉，也留有餘地。

陳總看似留意著杯中酒，其實也在留心地觀察著飯桌上每個人說話的內容和神態，他對他的回答露出一絲絲不易察覺的微笑，似乎對他的回答表示欣賞和認可。小林本來想趁機插句話，也想讓對方把這一單外貿的價格再往下壓一壓，但小林話到嘴邊，剛要張口的時候，陳總又出聲了，小林把話硬生生地又咽了回去，結果沒說。

陳總說：「小王，這一單的貿易價格，小林把詳細報價都向我彙報了，你們談的是一百萬，再少五萬，九十五萬，如何？」陳總看小王的回覆沒有直接拒絕，就試探性地壓壓價格。

在社會經驗老到的陳總看來，價格能降低多少倒不是重點，關鍵是他想看看對方的價格有沒有虛高或者水分。換句話說，他是想看看小林在這一單貿易中有沒有把功課做好。

小王眼神稍微瞄了陳總旁邊的小林，「陳總，你這有點為難我了，九十五萬這壓得太低了。我們這一行的利潤率，陳總您是知道的，一下子就減掉了百分之五……最多減兩萬，九十八萬，不能再少了。」小王一邊回答著陳總，也觀察著陳總的神態和表情。

「小王啊，不要九十五萬，也不要九十八萬，我看就九十六萬。」陳總一邊說的同時，手也稍拍了拍小王的肩膀。

還沒等小王接話，陳總接著說了一句：「來，乾杯，話不多說，話都在酒裡，喝酒就是回答。」陳總話音未落，便舉起來手中的茅台酒杯。

小王在混跡職場這麼多年，自然明白陳總的意圖，也舉起酒杯說：「陳總，那就九十六萬，六六大順，希望我們接下來的合作也順順利利。來，我們乾杯！」兩人杯中的酒一飲而盡，飯局上聊天的話題又切回到了飯局開始時的閒聊，談天說地，從歷史地理到談到彼此的見聞經歷趣事……

當然飯桌上的小林也在一旁目睹這剛剛發生的這一切，他也在思考甚至揣測陳總話裡的意思，剛剛陳總和小王在對話過程中有幾次看似不經意地掃過他，所以小林心裡感到納悶，也在嘀咕，但是他也說不出具體原因。

✦飯局之後，小林的困惑

飯局結束之後，在回來的路上，陳總雖然略帶酒意，但是也沒有對小林說什麼話。回到了家裡，本來忙了一天工作的小林已經相當疲憊了，但還是忘不了酒桌上陳總壓價的細節，耿耿於懷。

妻子也從丈夫小林的神色中看出來他的不安和焦躁，細問之下，小林便把今天在飯局上的事一五一十地說出來。

妻子阿芳追問：「還有嗎？」說完眼珠還盯著小林，「之前聽你說過，這單是你負責的，你也前前後後跟進了兩個多月，也是你把報價送給陳總。」

小林點頭，妻子疑惑地瞪著他，「我想陳總應該想要考驗考驗你的可能性比較大，而且你也是第一次負責外貿，對吧？情況是不太對勁。」

小林結合自己近兩個月來的工作，再細細回想其那天飯局上發生的事。現在被妻子這麼一說，還真是有那麼回事，但還是想不明白，就是就連忙催促一旁的妻子：「快睡吧，也有可能是我們想多了……」

第二天一早，他還和往常一樣去公司上班，沒有發現什麼異常。到了第二天下午，小林回到公司之後，他主要負責而且「談好」的這一單貿易，非但沒有成交，而且他也被公司以「不適合採購」的理由安排到了公司的其他崗位。

剛剛入職公司的一兩年，小林自認為兢兢業業，認真踏實肯幹活，他的工作能力也得到了公司上級的認可，所以小林才會被陳總信任，讓他負責公司這次的部分貿易業務。

事後，小林細細回顧那天飯局上發生的一切：陳總和小王談價格，短短一兩分鐘的對話，陳總就把這一單的價格從一百萬談到了九十六萬……這次談價明顯的表面的結果就是為公司節省了幾萬塊錢的支出成本，雖然被陳總雲淡風輕的幾句話就從一百萬降到九十六萬。但是這次小林主要負責的這單貿易非但最後沒有成交，而且公司也不再讓小林直接負責對外貿易的業務了。

價格明顯比小林談的價格還要便宜幾萬塊，可是為什麼結果還沒有成交呢？這個問題深深地困擾著小林。

✦良哥的「點撥」

這單貿易的價格明明是比之前小林談好的價格還要便宜四萬，也為公司節省了幾萬塊的成本，但是為什麼要是不能成交呢？儘管小林之後在公司沒有負責貿易業務的工作，但是這個問題也一直困擾著他。

一直到一個禮拜之後的某次公司小型聚餐上，公司良哥的話才讓小林疑惑不解的問題找到了答案。

由於劉總監不僅工作能力強，平易近人又善於和剛入職的年輕人打交道，再加上劉總監只是比出入職場的畢業生大了幾歲，且名字有一個「良」字，所以小林和其他剛入職的同事們都親切地稱劉總監為「良哥」。所以良哥既是小林他們的上級，也是他們的兄長，私底下良哥也會和他們分享自己的職場經驗，以免他們和自己犯同樣的錯誤。

因為在小林公司剛入職時，就是良哥帶著他，小林也在良哥的手下工作過一段時間，這段時間也是小林初入職場工作處理能力提升較快的一個時期。

傍晚時分的窗外，城市川流不息的車輛，都市的繁忙與汽車的喇叭聲混在一起，小酒館的飯桌上，良哥就坐在小林的身旁，良哥有意識地壓低了自己的聲音，說：「小林，你曉得嗎？上次陳總在飯局上和小王的交談，從一百萬談到了九十六萬，不是表面看起來的那麼簡單。」

小林若有所思，也低聲詢問道：「何以見得，還請良哥指點。」

接著良哥一邊語氣平和、細心地解釋，也一邊打量著小林的神情變化，說：「其實陳總那天的話，是對你的一道試驗題，考驗你對這次貿易工作是否盡職，你明白嗎？」

我們試想一下，如果公司的貿易業務主要負責人和對方貿易商都談好了價格，公司貿易業務負責人也向陳總詳細彙報了價格。然後陳總當著對方貿易公司負責人的面，沒說幾句話就能把價格往下壓，那就證明公司這次貿易業務的負責人沒有盡責，工作沒有做到位，說明之前小林報給陳總的貿易價格是有水分的。

經過良哥的一番悉心點撥和解釋，小林更加明白，陳總那天的砍價行為，其實是一道試驗題，就是為了考驗小林採購工作是否盡職，是否做到位。

和良哥道別之後，小林便走出了飯店，來到了路邊。望著來往的車流，遠處是城市的燈紅酒綠，汽車的喇叭聲散落在城市的路上。路上的車輛是流動的，可是小林的腦子裡卻是麻木靜止的，此刻的小林心中沒有想法，只是良哥剛剛說話的聲音仿佛還在耳邊回蕩。小林用木訥的表情和機械的手勢在路上等計程車，此刻的他沒有選擇用叫車軟體，而是選擇了在路上攔計程車。

回到了家，他甚至都忘記了按門鈴，直接用手敲了敲門，妻子聽到聲響之後開了門，妻子望著毫無表情的小林，有些心疼也感到納悶，便輕聲地問：「你怎麼了？看起來不對勁。」小林還是不說話，妻子在扶小林坐下之後，賢慧的她便轉身去飲水機倒了杯水，端到了小林面前說：「先喝杯水，先緩緩。」

小林沒接著她的話說，而是在自言自語：「怎麼會這樣呢？在跟進這個貿易項目的時候，我已經是認真的對待了，我勤勤懇懇地做了。」

「你真的盡力了嗎？」妻子問。小林聽到妻子這句話，他也在努力地回想過去的記憶片段，試圖回答妻子的問題，停頓了一會兒，便說：「在這件事上我有盡力嗎？我也不敢說是盡了力。但是我起碼沒有馬虎應付，基本環節都做到了認真。」

「工作上的事，並不是不馬虎就可以的，還是要用心。你在接到工作任務之後，你是不是有僥倖的心理？其實在工作中，做事認不認真，用不用心別人是看得出來的。」妻子說的話，也讓小林有所思考。

◆事後才明白的

砍價有時候不只是「砍價」。在生活和工作當中，我們每個人都會或多或少地面對著不同形式的考驗。有時候職場上的砍價不只是「砍價」，上文提到陳總在飯局上的砍價，與其說是對貿易價格的協商，倒不如說是陳總對這次公司貿易工作負責人小林的一次檢測。

儘管在這些考驗和測試當中我們不一定見得都能夠通過，但是我們起碼要知道明白這些考驗背後的邏輯和含義，也在這些考驗當中不斷提高鍛鍊自己的應對能力。

面對這些檢驗，可怕的不是不能通過考驗，而是在考驗的過程中，不知道自己哪一步走錯了，也不明白自己走對了。

同樣的道理，讓我們來分析下。

看完小林的經歷，你作何感想？

小林負責的採購，經過飯局上陳總的砍價之後，明明是比原來的報價減少了幾萬塊，為公司節省了開支，結果這一單貿易卻沒有成交。

回想小林在那天的飯局的事，他似乎也沒有什麼不妥的舉動，那究竟是在哪個環節出現了問題呢？

陳總為什麼多此一舉？是他故意為難小林，不想讓小林負責的這一次的貿易成交嗎？當然不是，如果陳總一開始想為難小林，就不會讓他負責公司這次重要的貿易交易。

同理，讓我們換位思考，將心比心。如果小林是處在公司老總的位置，面對初次負責貿易的員工，儘管這個員工前期工作能力和態度都不錯，在將來委以重任之前，是否也會考察一段時間呢？

其實陳總在飯桌上的砍價在對小林貿易工作的真正考驗，檢驗了小林在處理貿易工作的各個環節是否認真負責，是否有做好功課。如果小林針對這次貿易過程盡職盡責做好了工作，搜集了市場上同類產品的價格，並且對比分析產品的性價比、性能，和對方廠商談好了一個合理的價格，那他負責的貿易業務工作自然會事半功倍。

小林對外貿業務的疏忽也讓他付出了代價，他也從中得到了教訓。所以陳總把小林調到其他崗位上去了，並不是一件壞事，可以在職場工作中不斷地鍛鍊自己、磨礪自己和提升自己。

如果一個公司貿易業務的負責人已經將談好了價格彙報給公司老總，然後老總幾句話就能把之前「談好」的報價往下再壓一壓，那得說明公司貿易業務負責人彙報給公司的價格是有水分的，沒有做好

功課。

作為老總，如果公司今後有更重要的採購需要有人去負責，而這個採購負責人不能從公司的利益出發，認真負責地做好貿易工作。那麼，這將會對公司的利益造成不可彌補的損害。

有時幾句看似簡單的話，不僅也能檢驗出一個人對工作是否認真負責，而且也能反映出他的工作做得到不到位。

在職場面對上級交代的、自己負責的工作理應提前做好功課，認真地對待，起碼也要過得了自己這一關，這樣不僅是對自己負責，也是對公司負責，這樣更不會辜負上級主管對自己的信任和栽培。

所以作為公司負責人的陳總，儘管在這單貿易中明知道這比之前的價格便宜了幾萬塊，卻不同意這單成交。那是因為陳總能夠站在更高的高度和視野看待問題，看得遠，不計較眼前的「小便宜」，他也更明白他需要的是一個對工作用心負責任的員工，而不是貪圖一時的小利。

CHAPTER 4

「我以為」的代價

告別了上班族朝九晚五和按步照班的工作節奏，小李在工作兩年之後選擇了了創業，可他的生活節奏也進入了沒有假期的模式。

初次創業的人，特別是剛剛大學畢業的人去創業，失敗是大概率事件。但也有人總想著成為那一小部分創業成功的人，可他們不曾正視過失敗也不曾分析失敗的原因。經歷過創業失敗的小李在創業踩坑的過程中學習到了不少東西，這些正是因為經歷過才體驗深刻。

這是小李創業的第五個年頭了，也是他的第三次創業，前面兩次創業儘管以失敗收場。但是他也在經驗中不斷摸索，他的創業公司幸運了撐過了兩年，而且在去年開始轉虧為盈，現在的他比初次創業的時候多了份韌性和堅定。

✦小李的目標

公司總經理的辦公室，午後明媚的陽光透過玻璃和窗簾，稀稀疏疏地灑在辦公室的地面和牆上。總經理剛剛簽完一份文件，沒等放下筆，另一旁的電話鈴聲又響起了。

「我想辭職了。」小李考慮了一多星期之後，正式向公司提出辭職。

「為什麼？公司對你哪裡不好？」老闆問。

「公司很好，在來公司的這兩年裡，學習到很多東西。」

「那為什麼要辭職？」

「我想通過創業，換另一種方式去生活。就像我們公司的文化理念一樣，好的商業一定是更好的服務社會，解決社會的部分需求。我想在公司學到的理念和方法去更好地服務社會，當然也可以增加自己的收入。」小李解釋說。

「看來你是已經做好決定了。」經理一邊說著一邊在辭職申請上簽字，抬起頭說：「小李，創業不易，如果不行你就回來，公司的門隨時為你打開。」經理很真誠地說出這句話。

小李聽後也被感動了：「謝謝經理這段時間的信任和栽培。我會努力的……」小李走出辦公室後處理好了工作交接，其他同事也都在處理自己手中的文件。創業是小李大學開始就有的目標，儘管在此之前的創業之路並不順利，已經兩次創業的失敗，把大學期間兼職的積蓄賠乾淨了，還找自己的哥哥借了十萬。但是值得慶幸的是，小李沒有悲觀和消極，他創業的鬥志還沒被磨滅掉，他還知道自己的追求和目標。

走出公司的門口，小李抬頭一望，路上挺立的是一排排的木棉樹，紅彤彤的木棉花點綴著樹枝，木棉的樹幹挺拔，樹枝有力，像英姿雄偉的戰士。

小李從小就喜歡木棉花，因為從小學三四年級開始就知道木棉花不僅可以入藥，起到清熱除濕的作用，它的種子可以做枕頭，可以說木棉花渾身都是寶。在春天盛開的木棉，紅豔美麗而無俗氣。

看到此情此景，小李不僅想起了南宋楊萬里的那句詩：「即是南中春色別，滿城都是木棉花。」

其實小李之所以喜歡木棉，和木棉被稱為英雄樹有關係，清代詩人陳恭尹《木棉花歌》是這樣描寫木棉花的：「濃須大面好英雄，壯氣高冠何落落。」

當然，木棉花是南國特有的樹中豪傑，它的枝幹壯碩，姿態如英雄般頂天立地，也是高雄市、廣州市、攀枝花市和崇左市的市花。

望著有英雄氣概的木棉樹，樹枝上紅豔的木棉花，小李心中的倦意彷彿被一掃而空，心中充滿了希望和力量。它的精神也和廣州這座城市的面貌融為一體。

尤其在潮濕的回南天，一排排如火焰、如朝霞般的木棉無疑是一道美麗的風景線，點綴著城市繁忙的道路和蔚藍的天空。站在木棉樹下，望著被樹幹分割的藍天白雲，可以從木棉的挺拔望向天空的遼闊。

剛剛經理對小李說的那句話「如果不行你就回來」，還在彷彿還在耳邊回蕩，小李能在經理的話語和神態感覺到他的真誠。

經理之所以對他說出那句話，是因為進公司以來，小李的工作能力都被人公司的人所稱道。

經理是愛才之人，小李因為自己的展現出來的才華和人品也值得被經理挽留，但是小李也有自己的目標想要去實現。

儘管小李從公司辭職了，每每回憶起自己在公司經歷的點點滴滴還是很有感情，也會感到溫暖。

公司同事的互幫互助、上司的關懷指導以及公司經營理念、文化都如潤物細無聲般影響了小李。

下午，小李從公司回到了自己的家，等他忙完手上的工作，長時間的面對電腦和手機，讓他的眼睛產生了疲勞，辦公的轉椅一轉，小李凝望著窗外的春意盎然，社區的綠化中還是有幾顆木棉樹挺拔著盛開紅豔的花兒。

他前段時間一直上網找地方作為自己創業公司的基地，當然他這次創業的合夥人小麥也在幫忙物色。創業這個詞儘管聽起來比上班要好聽的多，但是創業也比上班要勞累得多。

創業剛剛起步，凡事少不了自己親力親為，親力親為不是因為小李和小麥他們自己勤奮，是因為他們想有效地節省成本和開支，把錢花到關鍵的地方。

創業起步，親身躬行也是積累經驗、不斷學習和提高自己處理能力的過程。

小李帶著自己的憧憬和目標，踏上了創業的路。因為有了前兩次創業失敗的經驗，小李自己變得沒有那麼浮躁，能夠更務實一些。

✦第三次創業

從公司辭職之後，小李和大學志同道合的朋友一起創業，註冊了一家公司，主要經營電子產品，這和原來公司的業務基本類似。

從事電子行業的這段工作經歷，使得小李在公司創業的早期能夠少踩甚至避開一些坑，當然裡面也離不開有創業成功經驗的前輩給他們的忠告：先別急著創業，就業也是為了以後更好地創業。

起碼小李這次創業比前面兩次創業時的形態和經驗要強太多了，但是這並不意味著小李創業就能成功。

因為在創業的路上有交了兩次「學費」的經驗，所以在這次創業初期小李能夠避開不少的「坑」，比如提前做好成本預算、購買材料也會貨比三家、關注購買產品的性價比……其中最關鍵的是他也逐漸學會了尊重專業，耐心地請教專業人士的意見。所以在他這次創業的一年多時間裡，儘管沒有盈利稍有虧損，但是公司還是活下來了。

兩年之後，公司開始轉虧為盈了，從這次創業開始，小李他們時刻都在想方設法地如何有效地控制成本。因為剛剛開始創業，資金有限，不敢也不能請太多人，現在公司包括小李自己也不過十多人。

公司的辦公室內，燈還亮著，小李和公司的同事在忙碌著。外面是城市的夜空，時不時能看見飛機飛過時閃爍的燈。

「我們公司創辦到現在兩年多，能夠活下來確實不容易，每天都是如履薄冰的感覺，我們十多個人綁在一起，就像在同一條船上。」小李對合夥人小麥說，從小李說話的語氣中能夠感覺到他的焦慮和壓力，但也有焦慮之中小小的成就感。

「現在不比我們兩人合夥開始創業的時候，我們手下還有十多個員工跟著我們工作。」小麥默契地理解了他的話，也說出來小李心中的部分擔憂。

「小麥，現在小額的訂單要認真跟進，積少成多，增加我們公司的實力。」

「是啊，小訂單也是訂單，而且數量還不少。但我們也渴望能接到大的訂單，儘管難度不小，但還是要有期待和理想。」小麥說，他和小李經過這段時間的搭檔和合作，兩人默契了很多。

「還得努力前行，在風雨來臨之前，我們公司這艘小船還得存儲足夠多的能源動力和糧食，這樣的話我們抵抗風險的能力也能增強一些，近期我們是在處理小訂單，爭取大訂單……」小李說完這番話，小麥也表示認同。

兩人各自都回到自己的崗位上，處理好自己手上的工作。

「我們之前做的主要就是小額訂單，這些訂單雖然單價不高，但是它的數量大。小額訂單也需要我們好好去經營，我們不能顧此失彼。」

「你想過沒有，這些小額的訂單雖然數量大，但他的單價利潤不高。如果能夠接到大訂單，和大客戶合作，我們公司今後的銷路就不愁了。」

「是這個道理。但大訂單哪有那麼容易找呢?眼下我們公司還是得靠這些小訂單過日子呢。當然,我們也不是說不做大訂單了。」

小李拿起桌子上的水杯,講話講得喉嚨有些乾燥了,喝了半杯水潤下喉。「小麥,現在公司的小訂單,我們繼續做,形成我們公司自己的口碑。不過我們還是要有目標的,接到大訂單就是我們的目標。」

為了能早日能夠接到大訂單,小李對自己公司的電子產品的市場、產品定位以及後期客戶的開發都做了詳盡的整理。

「參加展銷會,也是我們打開銷路,拿到大訂單的途徑之一。」

「參加展會確實能給我們帶來銷量,讓我們能直接面對我們的客戶。可是,小李你想過沒有?參加展會租金和其他費用也不少。對我們公司現在的規模來講,還是覺得不划算。」小麥不同意小李靠參加展銷會來獲取大訂單的方法。

「我也知道,以我們現在的情況,參加展銷會是最費人力和金錢成本的,可說不定還有機會能接觸到大客戶。」小李停頓了一下,

「我知道公司現在的情況，我也更想尋找優質的獲客途徑。」

「我知道你想儘早獲得大訂單，可這個也急不來。我們想想別的方式吧，除了參加展會還有其他途徑。」

「我知道你說的成本問題，但我還是想試試，我去看下展會的報名流程，順便了解參加展會的租金。」小李還是依舊不死心。

「那我們就試試看，其他在網路平臺上獲取客源的方式也嘗試下。」小麥認真地說出了自己的看法。

「明白，國內外的幾個平臺，都把我們公司的產品安排上去。」

為了能與客戶直接面對面地進行交流，小李參加國內知名的展會，儘管這是有效的途徑，但展銷會的缺點就是比較費時間和金錢，所以他們在展銷會上不敢投入過多的成本。而是選擇了在國內外各大知名網站上發布自己公司的產品資訊，當然這些平臺不全是免費的，但是付費的平臺效果要比免費的要強。

經過了兩個月的忙碌和努力，公司終於接到了一個不小的訂單。

金額還是相當可觀的，單筆金額能夠達到五十萬左右，因為這個訂單的單價是平常收到的訂單的十幾倍。

這儘管算不上很大的訂單，但也是小李他們創業以來接的單筆金額較大的一單了，所以小李組織公司的員工開了一次小會。

「今天組織大家了參加這次會議，是主要因為我們公司接了一筆不小的訂單。接下來的幾周時間，大家會比較忙甚至會加班，希望大家走好準備。」

小李在公司會議室上動員了大家，最後說了一句：「接下來的具體工作安排就由麥總給大家詳細說明。」說完，會議室內響起了熱烈的掌聲……

經過公司全體工作人員一個多月的努力，這筆不小的訂單總算是順利完成了，一個多月的時間，整個公司忙上忙下，不過總算有收穫。通過這筆訂單，不僅公司賺到了錢，而且鍛鍊了公司處理和應付較大的訂單的能力。

◆是大單也是大坑

因為上一筆五十萬的訂單不但積累了經驗也增加了實力，使得公司員工的能力也得到了鍛鍊，所以找到他們公司來談合作的人也比以前多了不少。沒過多久，上次五十萬訂單的合作者又有合作意向，希望能有進一步的合作。

經過幾次的磋商，雙方有了上次的經驗，合作意向達成很順利。對方付給小李他們三成的預付款，一共六十萬，也就是說這筆訂單總價兩百萬。

因為接到這麼大訂單，公司的十多個人都很興奮，尤其是小李和小麥更是笑得很開心。

「沒想到，經過這半年多的努力，我們公司也有能力接到單筆兩百萬的訂單了。」在公司辦公室，小李臉上帶著幾分笑意對小麥說。

「是啊，這離不開公司每一個人的努力，但是還要謹慎認真地處理好這一單生意，給我們的合作方留下好的印象。」小麥這樣對小李說，儘管內心也很高興，卻沒有像小李那樣得意忘形。

因為這一單價格是兩百萬，所以小李他們幾經周折找到了業內比較著名的廠商來替他們生產加工這批產品。因為是業內知名的廠商，小李在看完他們的產品品質之後覺得可以放心。

「做這個決定我們還是要謹慎為妙，畢竟兩百萬對我們來說不是小數目，還是要提前了解廠商的技術和管理水準。」小麥作為公司合夥人在一旁善意地提醒了小李。

「這個廠商在我們業內可以說是相當知名了，我認為他們完全有能力生產出符合我們要求的產品，沒問題的。」小李反駁了小麥的話，甚至他認為小麥的想法是多慮。

「還是謹慎些好，起碼要去他們工廠或者生產線實地考察好一些。這樣倉促做決定不對，萬一出什麼意外呢！總之，這批貨我們不能掉以輕心，畢竟是個大訂單。」小麥堅持對小李勸說。

「我們都看過他們公司產品的樣品了，品質上也做了測試。對方廠商都和不少著名的品牌都合作過，我認為一定沒問題的。你這次真的多慮了。」小李還是聽不進去小麥的話，依然堅持他自己認為的看法。他一邊對小麥提高音量說著，生怕小麥聽不到，還一邊比劃著手勢。

「你不要太激動，總之要謹慎。按照流程進行檢查，每一個環節都不能疏忽和大意。我知道我的話有點囉嗦。」

「我知道，會小心謹慎的。」小李很不耐煩地說，因為這個訂單是他費了九牛二虎之力拿下來的，自己覺得有點興奮，而且很有成就感。他把小麥的話當成了嘮叨，顯得很不耐煩。

小麥看到這樣的小李的說辭，也不再堅持什麼，和這個業內著名廠商簽訂了合約，很快便投入生產了。

過了一個月，細心的小麥提出要堅持定期對進行品質檢測。可是，不測不知道，一測嚇一跳。

「經過機器檢測，這產品的參數和品質達不到我們要求的標準。」小麥一臉嚴肅地對小李說，小麥拿起了產品的檢測資料遞給到小李面前。

小麥是一個理性的實在人，事實的說服力遠比言辭要強，所以小麥讓小李自己看，此時小李自己則選擇了沉默。

公司辦公室內的空氣忽然間都變得安靜了，小李臉上的笑容變得錯愕。他上手拆著廠商發來的產品，對小麥解釋說：「可能只是有一兩個是不合格的，其他的產品再測一測。」

經過幾輪測試時候，機器顯示的資料和第一遍測出來的相差無幾。小李之前認為的「多慮」變成現實。小麥也知道事情已經發生了，過多地責備小李也於事無補。

小李看著檢測機器上的資料，整個人完全傻掉，腳開始發軟，甚至覺得整個公司的天花板變得旋轉起來了。

小李嘴裡還在喊著：「為什麼我們業內知名廠商生產出來的產

品，品質會不合格？這個廠商這麼有名，而且他們拿過來的樣品在機器上檢測都合格，為什麼這次產品檢測出來都不合格……」

小李不解，陷入深深地苦惱和無助，這一年公司接的所有訂單都白做了，而且虧損了將近兩百萬。他也在苦苦地思索著，他曾經捫心自問過自己，創業的初心是什麼？自己當初為什麼選擇創業，還不是為了證明自己能力，不想一輩子打工嗎？小李也有自己的理想和目標，他太想通過創業去證明自己的能力，不想重複過去單調的生活方式。

「小麥，我對不起你，是我大意了。」小李懊悔地對小麥說。

「現在不是道歉的時候，我們還是想想我們解決問題吧。這一次我們公司是踩到坑了，而且差點把我們公司坑到破產了。」小麥沒有過多責怪的意思，平靜地對小李表達了自己的想法。小麥是一個可靠的實做派，關鍵時刻不囉嗦。

「我還是很難面對自己，第三次創業還是會遇到這麼大的坑。」

小李變得消極了，人也失去了往日的神采和朝氣，狀態就像一個洩氣的皮球。

「我在創業前，也工作了幾年，學到了不少經驗。可是這次創業還是摔了一個大跟斗。」小李疑惑不解地說出了這句話。

「是的，我們之前的工作經驗使得我們社會閱歷能夠更進一步認識自我、了解人與人之間的關係，知道怎麼樣和其他人打交道。但是有了工作經驗，還是不能保證我們創業就不會踩坑，不意味著我們創業會成功。」小麥解釋說。

「儘管我們不願意去承受創業的多次失敗，但這次主要責任在我，我會盡力去彌補。」

「創業不是一帆風順和能夠一舉攻堅拿下的。我也給你交個底吧，我們公司的小訂單說不定幫我們填這個坑，但是不一定能填好，但起碼公司能活下去。而我們公司活下去的代價就是我們公司差不多兩年白做了，大概是公司兩年營業收入。」小麥不想看到小李一味地消沉下去，所以他反而有點勸解小李的意思。

事後，夜深人靜的時候，小李輾轉反側，久久難以入睡，也在思索之前的自己做得決定。

四周靜悄悄的，小李覺得心裡空蕩蕩的，感覺全身哪裡都不對勁，他心裡自問：我在哪裡，我怎麼在這裡？

窗外的月亮很圓也很遠，月光柔柔地灑下它的光輝，一抹月光觸碰到了小李的雙眼，再望望四周，他才猛然發現是在自己家的房間。

此時他抬手看手錶，已經是凌晨一點半了。

看看外面的夜色，溫柔的月光順著城市的建築縫隙泄下，在淡淡的倒影下形成斑駁的組合，窗外的樹葉在風中輕盈地搖曳著。

創業初期的每一步，都要思考，所決定的每一步都不能脫離市場的客觀需求。他自己也知道創業是一場有風險和有挑戰的長征，也知道創業以失敗收場是常有的事，但此時他自己還是不能正視失敗，甚至有些害怕失敗。

他們想去總結失敗的經驗和教訓，可還是不能提起勇氣去大膽地面對。

對小李和他們的公司來說，這是一單令他們欣喜的大訂單，也是他們遇到的「大坑」。因為小李有太多「我認為」導致了自己失去理性的判斷了，在我們得意忘形的時候，卻不知道危險卻悄然隨之而至，大概這就是「我以為」的代價。很多創業的人總是喜歡沉浸在自我的世界裡，不願意也不喜歡看清現實。但儘管認清現實會讓人不高興，可總比呆頭呆腦地去創業要強。

✦代價與教訓

在這個案例中，小李有前兩次創業失敗的經驗，所以在創業初期自己能躲過不少的「坑」，也讓公司轉虧為盈。這是他之前在公司工作的時候積累了經驗，前兩次創業的失敗和挫折，錘煉和提高了他們的EQ，完善了自己對社會、人際關係的認知。

可是在公司開始轉虧為盈之後，小李就開始驕傲了，一心想著把公司做大，想著如何才能快速拿到大訂單，賺到大錢，甚至有點想著一夜暴富。

殊不知真正的創業者是實實在在地做產品、用心地經營，不會是一夜成名的妄想或者是一夜暴富的妄念。

當身邊有人有善意的提醒，他總是認為別人的擔憂是多餘，也總是認為自己的判斷是正確的，最後他也為自己的「我以為」付出了代價，不僅這單生意賠了將近兩百萬，而且甚至把公司帶到了破產的危險邊緣。

和小李一樣因為「我以為」踩坑的創業也不在少數，有時候「我以為」讓創業者忽視了市場的需求，主觀性太強而不能把精力放在如何把產品做好上。

在創業過程中，我們切忌不要盲目地自信和跟風，不要迷信「著名廠商」，不能因為是業內知名廠商就可以毫無保留地信任對方的產品品質和管理水準，他們的產品品質是需要我們認真地去驗證的，而優秀企業的優質產品是不怕被檢驗的。

故事中的小李之所以會踩到這個「坑」，而且被這個「坑」摔了一大跟斗，就是因為自己盲目地迷信「業內著名廠商」而失去理性的判斷。

創業能成功的人並不是腳踏祥雲，而是勞心勞力地做事。創業是一個自我修煉，直面自己內心的過程。

當然創業的路上也會有很多的誘惑，很多人會忘記創業的初心，也忘記了自己當初為什麼創業，創業的初心有時候並不是一個具體的目標，更多的時候，創業的初心是價值觀的體現，會伴隨著創業的整個過程。

懂得公司的管理，做實事，腳踏實地不浮誇地堅持，和時間做朋友。人人都會面對或大或小的失敗，成功的人也不例外。他們也經歷過挫折和坎坷，但他們在失敗時並不會一蹶不振，而是靜下心來思考。

創業者不僅需要有創業初心和對市場客觀的把握，而且最重要的是保持鍛鍊，不會輕易說放棄。

保持體能，創業是一場馬拉松，不要以暫時的成敗去定義一個人的一生。創業者遭受失敗時不能一味地放縱，歷史上那些能做成事的人，都是體力和腦力的強者，遭遇失敗低谷，不能一遇到挫敗就無節制地喝酒買醉。

CHAPTER 5

「大方」的客戶跑路了

做生意的人總是喜歡大方的客戶，不喜歡難搞的客戶。

可是，現實生活中，做生意的人哪能那麼容易遇上大方慷慨的客戶？話雖這麼說，從事海鮮食品貿易的小周近期就遇上了一個大方的客戶，他最近可謂是春風得意。

可是，越是自我感覺良好的時候，就越是危險。一心想成功，便會忽略周圍的許多風險。人一旦沉迷於一時的成就感時，許多潛在的風險就會由可能性變成事實。

✦大方的客戶找上門來

小周是一家海鮮公司的經理，從剛出社會工作到現在，從基層工作人員到如今能獨當一面、嫻熟地處理公司業務的經理，他用了將近七八年的時間。

由於小周在公司領的不是固定的薪水，而是有分成的，所以他不覺得自己是在打工，多勞多得，他工作非常積極和努力。他十八歲就出來打工了，在海鮮這個行業也有將近十年的光景。

因業務關係，他到了上海工作。還記得初到上海，小周總會想起童年時期讓他印象深刻的電視劇《上海灘》。他依舊清晰得記得《上海灘》主題曲的歌詞：「浪奔，浪流，萬里滔滔江水永不休。淘盡了世間事，混作滔滔一片潮流……」這部電視劇描述了小周對於上海的最初印象，那時他也覺得黃浦江也會掀起來滔滔浪花。

當他初次看到黃浦江的時候，面對平靜的黃浦江水，才發現真正的黃浦江和電視劇主題曲歌詞描述的不一樣，黃浦江不會起浪。只有當船隻航行的時候，才會泛起浪花。

上海有「十里洋場」之稱，也是近代中國最先接受西方文化的城市。在上海工作的這段時間裡小周增長了不少見識，領略了上海商業和人文的環境。上海，是一個讓有才華和有夢想的年輕創業者有機會實現自己的理想和抱負的地方。

上海是創造一個個商業奇蹟的地方，有鼓勵創業的環境，是國際化的大都市。

小周從海鮮的基層開始做起，在工作中積累了經驗，像是簡單的海鮮打包發貨和卸貨、時時留心海鮮池的水溫、了解每一種海鮮生存的水溫條件等。海鮮業的上班時間不同於其他行業，二十四小時都要有人值班。他不僅吃苦耐勞，而且也願意思考動腦，所以他現在是這家海鮮公司的部門經理，算是公司的中層主管了。

社會上每一個人成功都不是無緣無故的，小周能當經理也是自己的能力和才華得到了公司上級的認可。

夏天的太陽總是特別早出現，小周也起得早。他像往常一樣，早上六七點起床洗漱，再到樓下簡單吃個早餐。經過三四百公尺的天橋，天橋下的馬路也開始逐漸忙碌起來，路過天橋時還能看到準備去上學的中小學生。再走多三、四分鐘便到海鮮市場大門口了。

走在路上，小周望著飄著白雲的天空，很快就走到了海鮮市場，有好幾個公司的門口都停了載滿海鮮的卡車，員工正在忙著卸貨，然後把海鮮撈到了海鮮池裡。也有的在公司裡面忙著打包發貨，緊張有序地進行著，空氣彌漫著海水和海鮮的味道。

距離到公司還有二、三十公尺距離，小周就遠遠地看到有個西裝革履、身材筆挺的男人走進自己的公司。看到這樣的情況，小周三步併成兩步，加快了腳步的速度，轉眼間已經到了公司門口。

到了公司之後，小周沒有像平常一樣立刻清點公司的產品和銷售的情況。公司的員工為聯繫客戶、清點產品和出貨進貨忙上忙下的模樣他都看在眼裡，他在來公司的路上細心留意著公司員工的表現和公司的進貨和出貨。

公司的員工一邊陪著這位西裝革履的客戶參觀，一邊還熟練地介紹公司的海鮮產品以及海鮮的品質、產地，以便讓客戶有基本的了解。當員工正在向客戶介紹產品的時候，小周也從容地走進了公司。

「你好，你是我們分公司的經理，周總。」員工嘴上說著一邊向客戶介紹，一邊作手勢示意。

「你好，周總。我是某星級大酒店負責海鮮採購的，這是我的名片。」這位帥氣的客戶說著就掏出了自己隨身攜帶的名片，遞給了小周。

「你好，廖先生，請多關照。」小周也拿出了名片進行交換，雙方很友好地握了手。廖先生的名片是淡淡的金黃色，有些耀眼，看起來非常高檔，姓名是宋體字印刷在上面，讓人印象深刻。

經理小周憑藉多年來在生意場上摸爬滾打的經驗，經過一番介紹之後，廖先生也有下單成交的傾向。

「我們這次來購買海鮮，主要要求產品的品質要過關，價格上好商量。」客戶廖先生的眼神迅速掃過公司海鮮池和經理小周，用雲淡風輕的語氣說道。他這樣的語氣很容易讓人產生這樣的錯覺：就是產品品質要好，價格上貴一些無所謂。

「廖先生，我們公司是經營了二十來年的老字號了，所以我們產品的口碑在業內是有目共睹的，產品的品質，您請放心。」經理小周說道。

客戶廖先生聽了之後點點頭，經過一番協商之後，確定了產品數量之後，他異常爽快地付了全款。儘管廖先生這一單的成交額才兩萬元，數額並不高，但是能夠達成交易，經理小周和他的員工們都很高興。

廖先生付完款之後，就匆匆離開了公司，小周難得看到這麼大方的客戶，所以他就親自送廖先生出來，走沒幾步路，轉眼間他們兩人已經快到海鮮市場的大門口了。海鮮市場門口出來就是馬路，熱鬧非常，海鮮運輸車和其他車輛來來往往，他們兩人也停下了自己的腳步。

「周總，你把這次的貨物儘快發貨，直接送到我指定地址就好。」廖先生對身邊的周總說。

「沒問題，我們今晚包裝完成就給你發過去。廖先生，今後還請多多關照。」小周帶著微笑對廖總說，顯然能看得出他心情愉悅，有生意做有錢賺，人當然高興。

廖先生走後，員工阿東高興地對周總說：「周總，這個客戶不講價，很大方。要是我們公司經常遇到這樣的客戶就好了。」

周總聽了阿東的話，笑了笑，沒說什麼話，但是也能從神態中看出他的認同和喜悅。今天他的心情確實不錯，儘管忙是忙了些。

✦客戶再次登門

大概過了一個星期之後，廖先生又來到了小周的公司，這次廖先生的裝扮依舊是筆挺的西裝，不過和上次相比，衣服的顏色稍微換了。

由於上次廖先生付款時的慷慨大方，給小周他們留下了深刻的印象。所以當廖先生走到門口的時候，小周就連忙起身往廖先生走過來，自然地伸出了手，和廖先生握手寒暄了一番。

「上次我從你這裡買的海鮮，我們的客戶普遍都反應不錯。」廖先生表示。

「謝謝廖先生的認可，我們公司在業內的口碑也是數一數二的。不知道廖先生這次來是有何貴幹？」小周問了問西裝筆挺並且髮型油亮的廖先生。

「這次主要來貴公司這裡看看有沒有品質好而且高檔的海鮮，如果有合適的，就在周總你這裡進貨了，省得我再跑來跑去。」廖先生有條不紊地對周總說的，看似漫不經心的但實際上非常認真。

「有的，我們公司的海鮮就是走中高檔路線，品質非常不錯，性價比也高。這是我們公司昨天剛到的海鮮，你看看。」經理小周連忙接上廖先生的話，非常耐心地介紹公司的產品。

「你們公司高檔的海鮮，哪些是比較暢銷的？」廖先生問。

「你看，這是我們公司暢銷的澳洲龍蝦、波士頓龍蝦以及進口的阿拉斯加帝王蟹……」

過了一會兒，小周把帳單列表明細遞給廖先生過目，廖先生簡單地掃過一眼說：「不用詳細看了，周總在業內的口碑人品是大家都稱讚的。我來之前已經了解過多家公司，所以才選擇周總你這裡。」

周總說：「謝謝廖先生，一共是九萬六千八百元。」

廖先生聽了之後，再一次非常爽快地付了全款之後，對經理小周說：「還是把這一批海鮮直接運到上次的那個地址。」

小周愉快地回答說：「沒問題，我們會儘快送貨。」

小周陪廖先生走出了公司，過了一會已經到公司樓下。廖先生的手稍微示意，一輛勞斯萊斯緩慢地朝廖先生駛過來，停下了。廖先生隨即打開車門，坐上了這輛豪車，隨後車窗降下，廖先生說：「周總止步，不用送了。」

「廖先生，慢走，這批產品會儘快包裝好給你發過去。」小周隨即招手，目送廖先生的車遠走。

回到公司，小周依舊像平常一樣工作，清點海鮮進貨出貨，核算帳單，他今天最主要的任務就是把廖先生訂的海鮮包裝，公司的員工工作的節奏很快也很有效率，所以經過半天的忙碌就順利地給對方寄過去了。

這兩三個月是旺季，員工不僅有基本工資而且多勞多得，所以大家工作不僅賣力而且熱情高漲。剛剛把海鮮打包好的同事阿東說：「和這樣的客戶合作真好。」

「現在大家用心工作，公司多接單，大家的收入也會越來越多。」小周鼓勵大家說。員工們聽到經理小周的話都很高興，其他同事做得也很賣力，哪個打工的不想漲薪水呢，能漲薪水當然高興。

✦我忘記帶金融卡了

過了三四天後，小周公司的員工像平常一樣依舊在公司忙碌，而且大家很有幹勁，整個公司看起來雖然忙碌，但卻運行有序，分工明確。

員工不僅要負責海鮮的卸貨、打包寄貨，也要幫忙打理公司的經營，有時海鮮運輸車來貨多的時候，不僅是員工，甚至連小周這樣的經理，也要擼起衣袖親自下場和員工一起卸貨。

正午時分，陽光明媚，此時的小周正在全神貫注地坐在辦公桌前核對帳單，在文件上簽字。一抬頭看到公司門口走進來一個客戶，小周一看立刻就認出是誰了，正是前兩次來公司購買海鮮而且付款非常大方的廖先生。經理小周走出辦公室，前去迎接廖先生。

「廖先生，歡迎光臨。」小周高興地上前和廖先生握手。

「周總，上次我從你這裡買的海鮮，顧客的回饋都很好。如果你這邊的產品品質穩定，我們酒店今後的海鮮就在你這裡採購了。」廖先生說。

「廖先生，請放心，海鮮品質上我們是非常有信心的。」小周回答廖先生的話。隨後，廖先生拿出隨身攜帶的海鮮產品的清單，裡面詳細地列著海鮮的種類、所需海鮮產品的重量要求、具體數量……

小周接過廖先生手中的清單流覽，這一次海鮮產品的總額將近有八十萬，小周自己心中暗喜，但是還不能表露出來。所以他稍微沉默一兩秒，平復了自己的情緒後，對廖先生說：「這次你需要的海鮮不少，明天中午給你寄過去，好嗎？」

「儘快寄過去，越快越好。」廖先生回答小周的話，右手掏出錢包，準備拿出金融卡，手忙腳亂地找了一會兒，對周總說：「周總，我今天出門忘記帶卡了，不好意思。要不這批海鮮等我把錢匯過來，你再發貨？」

「沒事，我們也不是第一次做生意了。我們會把這批海鮮給你儘快發貨過去，貨款等你回去之後再匯給我們也行。」小周擔心會失去廖先生這個客戶，心裡也著實不想失去這個大訂單，所以他很快答應並且把這批海鮮給廖先生發貨。

就這樣，小周他們辛辛苦苦忙活了大半天，把這批價值八十多萬的海鮮包裝好，穩妥給對方寄過去了。

兩天之後，對方還沒匯款過來，也沒有打電話過來公司說明情況。小周不放心，所以他按照廖先生名片上的電話撥號打了過去，可是手機提示打不通，小周心裡泛起了一絲不好的預感，有一些疑問出現心裡：「廖先生不會是個騙子吧？這筆可是將近八十萬的產品，如果被騙了，我至少一整年算是白做了。」

「不會的，他不是騙子，可能他手機可能沒電了暫時無法接通，要不然他上兩次來買海鮮，付款時不會非常大方豪爽的。所以他不是騙子。」這幾個想法都在小周的心裡反覆的出現，慢慢地他自己變得害怕了。

經理小周在兩三個小時裡打了三四十通的電話，對方的電話沒有接通。他還依舊不死心，自己跑過去對方留下的地址，親自去問，結果得到的答案卻沒有姓廖的一個人。很明顯，這個看起來很大方的客戶跑路了，就是這麼沒有徵兆地跑路了。

小周徹徹底底被人騙了，一共損失了八十多萬。小周自己懊惱又後悔，整個人變得暈暈沉沉的，不知所措。

這天整個公司的氛圍都顯得異常的凝重和壓抑，大家除了工作不敢再說其他的話，八十幾萬相當於小周兩三年的工資，儘管他不用負全責。但也是因為他才會遇上的坑，他陷入深深的自責和懊悔當中，然而卻於事無補。

第二天上午，小周被上司叫去辦公室了。

這天窗外還淅淅瀝瀝地下著小雨，雨滴劃過著窗戶上的玻璃，停下成了水珠，窗外依舊是擁擠的車流，汽車的喇叭聲與海鮮市場門口的熱鬧忙碌地交融在一起。

小周心虛了，擔心自己會被公司炒魷魚讓他直接走人，或者嚴重點，不僅是炒魷魚而是讓他賠償。小周心裡這麼想並不是沒有道理的，自己確實做錯，讓客戶跑路了，而且是卷貨跑路。因為自己的疏忽導致了公司這次的損失，怨不得別人。

來到了總經理的辦公室門口，小周輕聲地歎了口氣，輕輕地敲了門，便傳來了羅總經理的聲音，小周推門而進。

「總經理，我來了。」小周不敢多問，因為他已經猜到總經理為什麼叫他來自己的辦公室。

羅總經理簽完手中的一份文件，便停下了筆，沒有立刻說話，而是選擇望著小周。「怎麼會搞成這個樣子？竟然遇上這種事，你平時還是挺用心的。」

儘管他心中有千般的不願意，但是面對上級，小周還是選擇坦誠並且詳細地交代了事情的經過。「總經理，我願意承擔這次的損失，公司對我做出的任何決定或處罰我都欣然接受。」

「這次的事是應該讓你長點教訓，不然記不住。你太急躁了，顧頭不顧尾，將來怎麼能擔大任呢？」總經理並沒有像小周預期地那樣發火，更像一個師長般耐心地指出他的錯誤。

「我事後也反思過我之前的做法，確實是操之過急。總經理，我請求辭職。」總經理沒有過多地責罵小周，反而讓小周心裡更加難受，他知道明明是自己受騙上當了。

「現在就想辭職走人，當逃兵嗎？」總經理瞪了他一眼。

「不是，我不是逃兵。總經理，我惹了這麼大的事，我沒臉在公司待下去了。」小周還是不敢直視總經理的眼神，此刻的小周心中有愧，顯得底氣不足。

「是該讓你長點教訓了。現在給你兩條路，一是當逃兵，收拾好東西走人，二是留下了繼續工作上班，但是第二條路就是你這兩年的年終是沒有了，工資照發。就這些，你可想好了再做決定。」總經理變得嚴肅起來了。

「謝謝總經理，謝謝。我沒想到公司能讓我繼續留下了工作，我願意承擔這次的損失。基本工資，我沒問題的。」小周願意承擔過失，認錯的態度也不錯，所以總經理知道了小周的事後，生氣歸生氣，但是看到小周的態度也誠懇。最重要的是，是小周在公司這麼久一直勤勤懇懇地踏實工作，總經理欣賞小周的才能，所以想把他留下來。

「去吧，回去好好工作。吃一塹長一智，審慎為上。」總經理語重心長對小周說，還舉起手輕拍了下小周的肩膀：「去吧。」

小周因為自己的不謹慎導致被騙了幾十萬，交了學費。但不是每個人都能夠像小周一樣幸運，能遇上這麼好的上司，犯了錯誤後還能讓他留下來繼續工作。

◆前事不忘，後事之師

創業的人一心只想著賺錢，或者一心想著成功，就會忽略身邊的很多危險。小周看到一筆七八十萬的單，便不留心身邊的陷阱和危險因素了。無論是做生意還是自己創業，小周作為公司的中層管理者，不應該沒有憂患意識。

這次幸好被騙的金額只是八十多萬，而且處理及時，沒有造成更大的損失。我們應該知道一家公司，只要其中一個機構或者部門出現了問題，就有可能讓整個公司垮掉。

居安思危，為了讓公司能夠更好地生存下去就不能忘了這一點，不能一心只想著如何才能成功而不顧其他，更要分析和研究公司每一個項目會出現的種種問題，積極尋求解決和應對之策。

在上述的這個案例中，騙子就是利用前兩次大方付款，絲毫不講價和砍價，給小周他們留下「大方」的印象，第二次故技重施，但是成交的金額比第一次還大，逐漸地取得商家的信任，甚至還有給小周看見自己的豪車，以顯露自己的財力。就這樣一步步地設局，獲取商家的信任。

前面第一次、第二次就是為了第三次的騙局做鋪墊。所以在錢沒到手之前都要小心謹慎，步步為營，切忌得意忘形。不要因為興奮過了頭，而忘記危險的存在。

如果我們能換一個角度，樂觀地看待小周被坑的這件事，也許對小周來說不是壞事。畢竟小周還年輕，才三十歲出頭，未來的路還很長，能夠在這件事上吸取教訓總結經驗，這對小周將來無論是就業還是自己選擇創業都有很大的借鑑作用。小周不是一個愚笨的人，在海鮮行業積累的經歷和社會經驗讓他學會了如何更好地和人打交道。沒錯，這次小周是踩坑了，但這坑不會白踩的。

現在的社會能做生意或者創業的都不傻，但每個人或多或少都會貪心，類似於小周遇到的騙局，不完全是假的，更不是假的毫無邏輯，而是真中帶假，假中有真，前兩次來買貨確實是真的，但這兩次的真是為了接下來的行騙做鋪墊。這就是騙局中讓人輕易受騙的地方，如果小周沒有和騙子打過交道，騙子利用各種手段設立自己「大方」的客戶形象，小周第三次是很容易被坑的。

設坑的人也把騙局中的一部分當成真的做，甚至比真的還要真，說的話也比真話還要真，還要好聽。

類似的騙局也會發生在其他行業，在服飾行業也有手法不一樣的騙局，這是發生在小周的一個從事服裝加工的朋友阿明身上的故事。

某一天的下午，天氣灰濛濛的，白天的陽光都被厚厚的雲層遮掉了。

阿明忙了一個上午，早上七八點就出門拿著服裝設計的樣板去廠商那裡，讓廠商把服裝生產出來。中午回到自己的公司休息，順便盤點下公司前幾天的工作，為了節省時間，阿明在回公司的路上就提前點了外賣。

剛剛吃完飯沒多久，用了一會手機的阿明，看見公司來了一個衣著光鮮靚麗的女客戶。這位女客戶在詢問了一番之後，便要在阿明公司特別訂制一批夏季女裝，而且數量不小，總價約為一百三十多萬，對方先交了四十萬給阿明作為訂金，雙方口頭約定好，等到這批服裝生產完成、包裝好，一手交錢一手交貨，也就是把剩下的尾款付完，就把服裝給對方。

就這樣過了一個多月，小明的公司辛苦地加班完成了一單一百多萬的買賣，日思夜盼地想著能夠完成這項任務，順利交貨，順利地拿到剩下一百萬的尾款。

隨著約定交貨的時間越來越近，阿明在臨近交貨的幾天裡基本都在嘗試聯繫著客戶，可是打出去的電話猶如石沉海底，音訊全無。

可阿明還是堅持等到了交貨那天，結果他還是在意料之中地失望了。這時候阿明心想，這可怎麼辦才好呢？這批女裝是對方訂制的，不是大眾款，且服裝風格有著明顯的時間性，如果過時了就和一堆廢布差不多了。

半個月過去了，有一個新的客戶找上來了，剛開始是打著和阿明做生意的幌子，結果他的目標是盯著阿明手頭上對方沒有付尾款的女裝，但是他的開價很低，基本是超低廉的價格，成本都不夠。

阿明衡量再三，經過一番的拉鋸，阿明把這批女裝以三十二萬多的價格賣出去了。賣出去的時候，儘管阿明隱隱約約地感覺到付訂金的客戶和最後以低價買他產品的人之間有關係，可是他又沒有直接的證據。

在接來下的兩個月的時間裡，在阿明身上發生的事也陸陸續續在幾個同行身上發生，阿明明白了：這也是一個局，前面付訂金的人和後面低價買走的人是一夥的，他們串通好等著人往裡面踩。這些設局和設坑的人，也確實用了心，環環相扣，有鋪墊有收尾，他們在開局時也不是空手套白狼，而是用真金白銀做了魚餌，等人心裡的戒備鬆懈了，就開始收網了。

阿明本來想著一百多萬的訂單自己能賺個幾十萬，沒想到還是踩坑了，阿明儘管不是賠了夫人又折兵，可也差不多了，賠了人工費又賠了布料成本。這幾十萬的損失又相當於公司幾個月白做了。

在我們相識的生活中，像小周、阿明遇到的這樣的騙局和這樣的坑，不僅僅在海鮮、服裝行業出現過，在許許多多行業都曾出現過，而且是層出不窮，騙人或者設坑的方式花樣都是日新月異，但萬變不離其宗。

設局的人為了引人入坑，總會假戲真做，花足了本錢，用夠了心思來設局，他們也認真地揣摩過他們對手的心理，怎麼樣才能夠騙到別人的錢，就怎麼做。甚至他們還可以先真金白銀地出一部分錢當成引人入坑的魚餌。

總之就是環環相扣，讓人防不勝防，如果不是自己親身經歷過或者聽人說過都很難能避開這樣的坑。

除了海產行業，在服裝、電商、電子、畜牧業和餐飲業……這些行業都出現過類似的騙局，各行各業的騙術、套路都有，甚至設坑行騙的人說得話真真假假，有時候說的話比真話還像真，真假虛實摻雜，讓聽者摸不著北。

不得不承認，這些設局設坑的人都挺厲害的，利用了人性思維的弱點。

CHAPTER 6

為情懷買單的創業

在他人的眼中，小韋是一個喜歡文學和旅遊的文藝青年，因為他不僅大陸的每個省份都去過了，而且旅遊的足跡已經遍布五大洲，可謂是足跡遍天下。由於渴望能夠早日實現財務自由，所以他踏上了創業的路。

去過許許多多的旅遊城市，最讓小韋傾心的城市還是大理和麗江。他喜歡那裡的環境和氣氛，他去雲南考察很多次，因為自己的家鄉也沒類似像麗江的民宿和酒吧，所以他希望也在自己家鄉的旅遊區做類似的創業。

憑著自己的一腔熱情，自信滿滿地想要把大理和麗江的模式移植過來，想法乍聽起來還是不錯的，文藝青年小韋的創業想法能夠實現嗎？

沿海的小鎮，美食風情一條街，到了每年暑假的時候總是異常的熱鬧。

天南海北的遊客從外地趕來這裡度假，這個旅遊小鎮是一個三面環海的半島，這裡的民風民俗是廣東的廣府文化、客家文化和潮汕文化的融合，居民是講閩南語的。小鎮的海洋資源豐富，這裡的百姓靠海吃海，主要以漁業為主。近十幾年來，旅遊業也逐漸成為當地的支柱產業。

小韋喜歡旅行，他家就靠近景區，所以回到家鄉的小韋總是有著這樣的錯覺：是回家還是旅遊度假？

夏日的夜晚，吃完晚飯的小韋，走出了家門口，穿過旅遊區熱鬧的遊客人群，來到了海邊的沙灘上，正在發展當中的小鎮旅遊業彷彿讓小韋嗅到了創業的商機，他想自己在小鎮上創業了。

✦一腔熱血去創業

自從決定自己開始創業之後，小韋就像打了腎上腺素一樣，似乎有用不完的激情。儘管有過創業經驗的朋友都告訴過他：「初次創業的失敗的風險很大，大部分都以失敗收場，需要謹慎和做好準備。」

可是這些話對於自信心滿滿的小韋來說，根本聽不進去，因為他心裡是這樣想的：「儘管創業失敗的人很多，但也有極少數能夠成功，那為什麼在創業成功的極少數人裡我不算一個？」

小韋這樣偏激而且心存僥倖地想，他也是這麼做的。他從深圳的網路公司辭職，回到了自己的家鄉，借助靠近旅遊區的優勢，開始了他的創業——打造類似於麗江的民宿和酒吧的結合體。像一些知名的旅遊城市，如成都、麗江和大理，由於旅遊人數的暴增，民宿如雨後春筍般出現。

這一天，天空蔚藍，天上的雲朵聚了又散，悠閒地遊走。

小韋從自己的房間走出五樓的陽臺，眺望遠處的海景，白色的海鷗零零散散地展翅飛過，在天空蔚藍和大海深藍的背景色中顯得特別的突出和明顯。

遠處的沙灘上，海浪朝著沙灘湧動，從遠方而來的遊客有的在沙灘上逐浪玩耍、有的站在海邊的礁石上擺姿勢拍照、有的漫步在沙灘上欣賞眺望遠處的海景……

小韋昨天便提前約好了朋友今天早上去吃早茶。幾人約好來到了茶樓，但有兩人遲到了，所以小韋和另外兩個朋友就向走進茶樓的包間，沏好了茶，選好了點心，他們邊喝著茶，邊等晚到的朋友。正當小韋拿起茶壺又倒一杯茶時，曉強和智山走了進來。

「你們可算來了，來吃吧。我們就等你們倆呢，再不來我們都吃完了。」小韋開玩笑地說。

「昨晚有點晚睡，調了鬧鐘差點起不來了。不過好茶不怕晚，這頓我請了。」曉強解釋說，「之後我還去等智山一起來，耽誤了一會。」不到一會兒工夫，桌子上就快擺滿了廣式茶點：表皮透明的蝦餃、黃皮的燒賣、韭菜餃、芫荽餃、炸芋頭丁做餡的三角餃，還有叉燒包、蓮蓉包、菜包……

廣式茶點雖然源於廣府文化的核心地帶，是從廣州、香港這些地方開始，但是經過二十來年的發展和演化，廣式已經成為了當地飲食和生活習慣的一部分了。所以，去茶樓吃早茶，吃廣式茶點確實是朋友相聚聊天、談生意的好去處。

大家享受著廣式茶點與當地飲食習慣相結合的美味，更重要的是好久不見的朋友難得有時間相聚在一起。

「大家都好久不見了，過年時雖然大家都有回家鄉過年，可是還沒有聚齊過。今天難得，大家能夠聚在一起。」小韋動情地說。

「是啊，過年的時候，大家都忙，上次我打電話叫小潮出來喝酒，他說他正在親戚家拜年，不在鎮上。」智山有點惋惜地說。

「是啊，我過年期間就和曉強、小韋喝過酒。其他人很難碰上。」平時話少的小潮說。

「其實大家聚在一起固然高興，可我還有一件重要的事情要宣布，我想要自己創業了，深圳的工作我辭掉了。今後想在我們小鎮上開民宿，過自己想要的生活。」趁著這個機會，小韋在包間內說了自己創業做民宿的決定。

小韋這麼一說，大家瞬間就熱鬧地討論起來了，說歸說，眼看大家杯中的茶水也快喝完了，小潮起身拿起了茶壺給大家倒茶。倒完茶的小潮用真摯的眼神望著小韋，問道：「怎麼會想到創業，而且是去做民宿呢？」

「其實我是想換一種生活方式，不想在過著公司家裡兩點一線無聊的生活了。雖然公司給我的待遇也不錯，但這不是我想追求的。」小韋向大家解釋自己內心的想法。

剩下的人都在認真地聽著小韋說話。因為是同齡人，小韋說的話也是藏在心裡想說的話，所以大家不僅聽得認真，而且也深有感觸，甚至引發了他們的思考。

「小韋，你想換一種方式生活，其實我們又何嘗不想呢？但可能我沒有你那麼有勇氣敢邁出這一步，你們知道我的情況，我還有房貸和車貸，小孩也剛上幼稚園大班。我不敢去創業，現在求的是穩定，穩定的收入。」智山說了自己的顧慮和現狀，其實他的狀況又何嘗不是當下大部分初為人父沒多久的青年人身上都普遍存在的現象呢？

「你這個決定很大膽，我沒想到你能辭掉深圳工作，毅然決然地回到家鄉創業，做民宿。可是，小韋你也要知道，創業不是一件簡單的事，很容易失敗。你為什麼要創業？你有想過嗎？」曉強之所以這麼問他，用意就是想知道小韋這次創業的決心有多大，有沒有做好創業的準備。

「為什麼創業、為什麼選擇做民宿，主要是因為我去雲南的大理和麗江旅遊時，那邊的民宿經營現狀和模式很吸引我。我們家鄉的自然資源雖然沒有大規模地去開發，但原生態的海景和海灘非常不錯。

我覺得做民宿應該很有前景。如果再往上說，我就是熱愛自己家鄉的文化和美景，想給外面的人多多推薦自己的家鄉。」面對幾個朋友的提問，也觸發了小韋去做深層次的思考。「但為什麼創業，更深層次的答案現在我還沒想出來。」小韋是一個實在的人，不想說太多華而不實的理由來掩蓋自己的現狀。

所以他回應朋友們的提問都是有話直說，儘管他說的話不一定對，但代表了他此刻的心境和想法。

「為什麼要創業，這個問題我當初也不止一次的問過自己。其實我最初是不想早上擠地鐵上班，但是我更想證明自己的能力，覺得自己年輕還能繼續打拚。因此我選擇了創業，希望能夠早日實現財務自由。」他也說出了自己當初為什麼創業的原因。

「你是一個很有情懷的人，對自己的家鄉很有感情。但是情懷歸情懷，創業不能單靠這個。現在的民宿行業不比從前了，甚至更不好做了，可並不是說民宿不能做，每一個行業都有賺錢和虧錢的。民宿做得好還是要依靠創新，你的民宿有什麼獨特之處？比如像小潮是學設計的出身，去做民宿比較有優勢，他對民宿的設計裝潢，對美感的理解上有自己獨特的想法。或者是有點閒錢，肯用心、肯花時間去琢磨用戶的消費心理，這樣比較有優勢。」智山粗淺地幫小韋分析，提出了自己的看法。

小韋經過了一個多月的考察，費了好大勁才找到合適的地點，是靠近海邊，因為地理位置不錯，所以租金也不便宜。簽了三年的合約，租金一年三十萬，這只是租金，不包括其他的費用。加上民宿整體的裝修改造，小韋為這次的創業一共已經花了將近一百萬。這一百萬裡面有三四十萬是自己工作三十年來的積蓄，其他都是向父母和朋友借的。

沿海的小鎮，夕陽西下，餘暉照耀著海邊的樓房，剛剛開始營業的民宿內迎來了落日餘暉。靠近海邊由碎石和泥土堆成的堤壩上面長著小草和野花，它們在太陽下的風中搖曳著自己的身姿。

「現在錢就投入進去了，還沒有見到回報，不知道什麼時候能收回成本？」小韋的同鄉兼合夥人小潮問。

「不知道能不能遇上好行情。按理想的預算是兩年，如果行情不好大概是三年，甚至更久。」小韋很冷靜地回答小潮的話，實際上自己也擔心，萬一收不回來怎麼辦？但是開弓哪有回頭箭，只能硬著頭皮往下走。小韋是有情懷的文藝青年，沒錯，但同時他也是認真踏實做事的人。

「我們也要想辦法來推廣我們的民宿，瞄準我們民宿的定位，借助網路和新媒體來宣傳，盡可能做推廣。」小潮和小韋正在商量著推廣民宿的對策，他們想借助網路平臺來吸引客群。

「傳統旅行社的管道還是有它存在的價值，就是合作和分成的問題。但是借助網路，這個推廣費用也不便宜，現在我們民宿的收費本來就不高，網路平臺再拿去一部分，我們的利潤就真的沒多少了。」

小韋的話說到了重點，網路和新媒體的推廣費用確實是一筆不小的開銷。

經過他們兩人的一番討論之後，他們暫時決定借助網路平臺來推廣，但為了節省成本，也利用自媒體的平臺來宣傳自己的民宿……錢是投進去了，為了吸引流量打廣告，但是效果並不明顯，網路平臺確實賺錢了，結果是肥了平臺，瘦了民宿老闆。

✦民宿運營後的努力

小韋和小潮為了提高自己民宿的知名度，憑藉自己目前的有限條件，能想到的辦法都用上了，各大網路的自媒體平臺上都嘗試過了，花了不少錢。

「我們現在先在網路旅遊的兩個比較大的平臺上試試，看看能不能摸索到一些經驗。」小潮經過深思熟慮之後對小韋說。

「暫時只能是花錢買經驗了，邊做邊學。」小韋接著小潮的話往下說。

「儘管在網路上投放廣告是一筆不小的開銷，但是該花的錢還得花。」小潮認為在網路投放廣告這筆錢還真省不了，如果硬是要省下來，那代價更貴。

「這筆廣告費用是少不了，但是我們倆還得想出其他的辦法，來增加我們民宿的客流量，你有什麼建議？」小韋問。

「現在是網路的時代，網路肯定是個大趨勢，要通過借助網路和提高我們服務的方式來提高我們的客流量，增加我們的收入。」小潮把這段時間的思考逐步地對小韋說了。

「如果和我們當地自媒體的網紅合作來為我們推廣呢？他們有不少粉絲，而且能夠吸引更多年輕的遊客。」小韋一邊喝著茶一邊說。

「這倒是一個方式，值得我們去試試。一方面可以為我們的民宿做廣告，另一方面也可以宣傳我們家鄉的美景和民俗文化，讓更多的人了解我們的家鄉。」小潮贊同了小韋的說法。

「可是，要怎麼說服網紅和我們合作，又可以降低我們成本的支出呢？」小韋之所以這麼說，是因為自己的民宿開業以來成本支出並不小，他想盡可能地節省開支，增加收入。

「我覺得可以採用提成的方式，就是通過我們當地網紅的管道帶來的客戶，按比例給他們分成，這樣我們的壓力就會少一些。」小潮解釋說。如果網紅的管道帶來的客戶多，雙方都得利，而且多勞多得。現在的網紅或者自媒體也有自己的運營和操作模式，說白了也是一門生意，網紅直播也在尋找新的商業模式。時代在變，技術在變，商業模式也在變。小韋他們儘管想借助網紅宣傳自己的民宿，希望能夠給民宿帶來流量，可是他們並沒有把希望完全寄託在網紅身上。

經過了商量之後，小韋和小潮又開始分頭行動了。小韋通過朋友聯繫上了當地的網紅，談妥之後就開始正式合作了。網紅拍攝了海邊小鎮當地的美景，而且還巧妙地結合介紹了小韋他們民宿的特色。

小潮沒有像小韋那樣一根筋，也沒有多少天馬行空的創意，是踏實做事的人。他後來也看出來門道來了，看出小韋和當地網紅合作的模式出現了問題。

他覺得有必要找小韋仔細地談談。一天，在民宿忙完之後，兩個人走出了門口，站在路燈下夜晚的海邊，民宿的樓下，海風輕輕地吹，偶爾有遊客經過。

小潮先出聲說話了，「我們這個方式可能不對，我們的民宿依靠網紅確實能吸引到一部分客人。但是我們民宿的特色也需要顯現出來，可以提供優質的服務，要能夠自動地吸引大眾，甚至吸引網紅，而不是……」

「而不是什麼？」小韋追問。

「而不是我們的民宿單靠網紅來吸引客群，網紅只是錦上添花。我們在自己民宿的設計、運營上多下功夫，用心打造屬於我們自己的特色才是重點。」小潮怕自己解釋不清楚，就說得再明白一些，「你知道現在民宿行業的痛點是什麼嗎？你有思考過嗎？」

「沒有仔細想過，我當初只是想著通過民宿來創業，改變自己的生活。」小韋說這句話的時候顯得很沒有底氣。

「其實我們現在做的事，說得好聽是創業，其實做的內容有點像市場上千篇一律的產品，怎麼讓民宿有特色，是我們今後要努力的方向。」

「創新和形成特色哪有那麼容易。我也知道民宿要有自己的特色，而不是老是提供和其他民宿毫無差異性的服務。我們那麼多裝修成本都投入下去了，現在要改設計裝修，代價很大。」

「是啊，創業哪裡是一件容易的事？你有聽過網路上的一個說法嗎？民宿是和開奶茶店、花店齊名的不賺錢的創業。當然這是調侃的說法，民宿業裡面也有人是賺錢的。」

「可是我們的民宿確實賠錢了，我也應該反思我自己。」

「小韋，其實我也有責任。可是，開民宿這麼久，我們有仔細想過消費者的心理嗎？他們為什麼來住民宿？是想要獲得什麼樣的服務？我們能夠提供給他們嗎？」小潮的話說完了，小韋他並沒有立刻回答，他也在組織自己的語言，但是回答得很不自信。

「那些選擇我們民宿的旅客，他們是想……想要得到不一樣的服務，也許是想體驗海邊的美景，他們旅行也是換一種方式生活，追尋屬於自己的遠方。」小韋支支吾吾地說，顯得很沒有底氣。

「我們並沒有站在消費者的角度去思考他們想要什麼樣的服務，

也沒有去想我們能夠為他們提供什麼。這也是當前需要解決的問題。」儘管小潮指出了問題的所在，但是想要解決並不容易。

「現在想想，我當初做民宿就是出於自己的喜好，說得好聽點就是出於自己對故鄉的情感。做民宿這件事，我並沒有用做生意的思維去運營。當初我們兩個一起合作，我認為能夠一起賺錢，沒想到現在是虧錢。小潮，我覺得有些對不起你，真的抱歉。」說到這裡小韋也很動情，甚至聲音有稍微的破音了。

「哎，現在不是自責的時候。現在這個局面，我們要想辦法來處理，做民宿還是要用生意的思維來做。你說得對，創業做生意不能掏自己的腰包為情懷買單。」小潮不是一個怨天尤人的人，朋友間合作創業或者做生意很多都會出現鬧矛盾的情況，鑑於這種情況，小潮和小韋在合夥創業之前就約法三章，白紙黑字明確了對方各自的權益和負責事物的範圍。

「難道文藝青年不能創業嗎？為什麼會這樣？我只不過是想做自

己想做的事情，難道有情懷也是一種錯誤嗎？」這個時候的小韋有些懷疑自己選擇的路了。

「人有情懷並不是壞事，但情懷要放在適當的位置。」小潮還是很耐心地開導小韋，儘管他們合夥的民宿創業項目虧了不少錢。

就這樣大家忙碌了三四個月，投入了不少的心血和精力，大家都想把事情做好。小韋和小潮基本上每天早出晚歸，每天的節奏就像陀螺一樣轉個不停，可是開弓哪有回頭的道理，只能硬撐著往前走。如果現在收手不做，注定虧本，甚至成本都收不回來，前期這麼多錢投下去了，哪裡還能輕易說不做就不做。

✦創業兩年後

小韋和小潮倆人一邊努力運營著民宿，一邊頂著資金的壓力，辛辛苦苦撐了兩年。創業兩年的時間，小韋和小潮兩人身上都消瘦了不少，而且由於每天都頂著壓力，經常為資金和民宿的問題熬夜睡不著，這段時間掉髮的問題也明顯嚴重許多。

小韋和小潮在他們自己的家鄉開民宿的事情，他們身邊的朋友都知道了，甚至一些生意做得不錯的朋友想要來入股一起做，但是考慮到他們前期在民宿投入的成本和當前民宿的收入，他們還是放棄了。當然了，這並不能怪他們，畢竟要盤活民宿，使得民宿能夠良好地運營，不僅需要的一大筆資金的注入，也需要專業運營人才肯花時間和精力用心地去做。

小韋和小潮他們創業一年後，創業遇到的現實情況和他們的當初設想的場景有很大的差距。他們也是許許多多創業者的一員，初次創業大概率會失敗的可能在他們身上自然地發生。

儘管他們努力通過網路來推廣民宿，但是收效甚微，因為小韋家鄉的旅遊業並非一年全是旺季，一年之中只有暑假兩三個月遊客比較多，其他月份都很冷清。旺季也就是暑假這兩三個月，其他就剩下連續假期了，所以經營旅店或者民宿的必須要在兩三個月內賺到足夠一年開銷的錢，要不然就會虧本。

夕陽西下，落日的餘暉透過窗戶照了進來。小韋倚靠在沙發上，靜靜地思索著，望著落日的光影，他自問：「自己為什麼創業？為什麼選擇民宿作為創業的目標？除了自己所謂的情懷，還有其他的嗎？如果時間能倒流，自己還選擇做民宿作為自己創業的方向嗎？如果可以重來，我想我還會選擇創業，也會選擇開民宿。捫心自問，與其說自己是喜歡旅行，倒不如說自己是想體驗不同的生活方式。」

他也自問，自己有什麼才能？擅長做什麼？有情懷是一件壞事嗎？民宿重要的是客源，自己開民宿的地點是靠近旅遊區，客源不會少。可為什麼還是會虧那麼多錢？沒錯，自己有時也自我標榜為文藝青年，喜歡文學藝術，不太看重金錢。可還有這麼一句話：錢不是萬能的，但沒有錢是萬萬不能的。錢對我們來說當然是重要的，能夠賺到錢就是自己能力和才華的證明。在創業的過程中，企業能賺到錢，那必然是企業給社會大眾提供了服務，盡到了社會責任。錢和文藝不是對立矛盾的，喜歡文藝，還能賺些錢財，豈不妙哉。

創業一年後，小韋不僅投入了兩百多萬，而且還欠著朋友的一大筆債。他虧過才知道，開民宿並不是詩和遠方，他自己開民宿的結果是狼狽收場。經過賠錢之後，小韋更是明白了民宿不能只靠情懷，情懷是民宿的大坑，開民宿是要用做生意的思維去運營，而不是靠自己掏腰包為自己的情懷買單。

現在是一個創業的時代，有情懷並沒有錯。創業不僅需要情懷，也需要有激情和勇氣。創業並不比文學藝術創作的難度低，創業也需要才華、能力和胸襟。換句話說，有情懷並不能保證創業成功，但是每一個成功的創業者，走得遠的創業者都是一個有理想、有情懷的創業者。沒錯，小韋確實是一個有情懷也有才華的創業者，但小韋的才華不是體現在創業上。小韋他們創業賠了這麼多錢，關鍵在他們並沒有用商業的思維去運營民宿，說得再直白一點，就是他們只會掏腰包為自己的情懷買單，沒有從顧客、消費者的角度去思考，結合民宿的特色去創新，提供讓消費者滿意的服務。

✦用錢買來的教訓

像小韋這樣的文藝青年在社會上有很多，他們有自己的情懷和夢想，他們也接受過大學高等教育，甚至他們還走過不少地方。他們智商高，見識也不少，可是為什麼像他們這樣懷揣著自己的理想和激情去創業的人，失敗的例子總是屢見不鮮呢？

創業不能單靠情懷，創業還是需要認清現實，儘管認清現實會讓不開心和不爽，可是總比犯傻要強得多。

我們大家都知道隨著經濟物質水準的不斷提升，人們追求更高品質的消費生活，旅遊是一個非常有潛力的市場。可是小韋最大的不足就是他照搬雲南麗江的模式生搬硬套在沿海的旅遊小鎮去經營民宿，儘管是這個旅遊小鎮是他自己熟悉的家鄉。

因為是在自己家鄉創業的緣故，小韋自以為了解家鄉人的消費習慣，把自己的以為錯當成市場真正的需求，從而對自己家鄉民宿甚至旅遊業的市場真正需求失去了客觀的判斷和理性的把握。總把自己一廂情願的想法當成真正的市場需求，也忽視了結合當地的特色和優勢，沒打造出有當地特色的民宿，也沒有把自己家鄉旅遊小鎮的特色明顯地展示給遊客。

小韋的這次創業的案例，讓我想起了兩三年前遇到的一位朋友阿傑，他也像小韋一樣喜歡到處旅行，曾經他花了一年的時間去歐洲、澳大利亞和美國旅遊，在旅途中發現像國外的這些地方都有汽車旅館，他自己去汽車旅遊的體驗也

很好。但是汽車旅館在家鄉沒有，回來之後很想做類似的汽車旅館的創業，雖然建汽車旅館成本不少，但有市場需求。

因為家鄉目前沒有類似汽車旅館的酒店存在，他心裡激動，所以很快就開始著手準備和投入一部分資金試水，可是過了幾個月卻發現汽車旅館在家鄉很難有市場空間。且不說消費人群不一樣，在政策、制度和當地的消費習慣上都有不同。儘管他早期投入的錢賠了，所幸還能即時止損。創業的成功因素是綜合的，失敗的原因也可以是多種多樣的，不能單憑著自己的感覺去創業，對於商業模式和經營模式簡單粗暴的複製和移植，沒有結合當地特色就去創業，其結果可想而知。

CHAPTER 7

失去聚焦的專注力

城市車來車往的路上，一輛小轎車停在社區路旁，一位青年獨自開著這輛車每天往返公司和公寓之間。每天人來人往，城市裡的人都在為美好的生活努力和奮鬥。創業的環境變得越來越包容和被鼓勵，在大城市成千上萬的創業浪潮中，小鄭和小曾就是屬於社會上眾多創業隊伍中的一員。

小鄭和小曾雖是大學認識的好友，但是兩人在性格上有著很大的不同。小鄭有想法，大膽，敢想敢做，而且腦子轉得快，雖然小曾也聰明，但是相對於小鄭要謹慎得多，不過一旦有想要去做的事，就會花精力和心思去嚴格地執行。

曾國藩說過這一句話，用來放在小鄭他們身上似乎再合適不過了，他說：「用功譬若掘井，與其多掘數井，而皆不及泉水，何若老守一井，力求及泉水，而用之不竭乎？」這句話用來形容創業也自然錯不了，要把主要精力、專注力聚焦在一件事上，做好產品，不要心轅意馬。創業能夠把一件事做精做強，能解決社會某個痛點，已經很了不起了。不求數量多寡，只求把一件事做到精通、極致。

小鄭是一個有事業心、願意嘗試新事物的年輕人，他也知道創業對於初入社會的年輕人來說是一個很大的挑戰。小鄭不想做毫無準備的創業，他在畢業之後選擇去一家好的網路公司工作。兩三年的工作經歷鍛鍊了自己的工作能力，自己的EQ、以及和其他人溝通的能力也得到了提升。

✦鼓勵創業、創新的時代

十九世紀的英國作家狄更斯在《雙城記》中寫道：「這是一個最好的時代，也是一個最壞的時代。」我們身邊的真實例子，都能明顯地感受到現在是一個許多青年人創業的時代，但也是一個創業失敗率非常高的時代。現在是一個年輕人創業機遇與挑戰並存的時代。

當我們面對大眾傳媒報導的消息：某地大學生從事麵食連鎖店月入上百萬，某地青年買APP月入幾百萬……這些消息無不挑動年輕人的神經，媒體報導的創業的高收益和高回報，就像給即將創業的青年人打了興奮劑一樣。面對如此誘惑，有多少青年人紛紛加入創業的隊伍，可是創業哪有那麼多容易？媒體大肆宣傳下，少數人的創業成功讓大部分青年人誤以為創業很簡單，其實創業是一個充滿著不確定性和挑戰的一個過程。

小鄭他們大學畢業那年，剛好趕上社會創業潮流，但剛畢業的小鄭並不敢貿然地進行創業，儘管自己心裡很癢，創業失敗的高風險讓他覺得自己還沒做好創業的準備。所以他選擇了符合自己專業而且感興趣的工作，去了一家網路公司。

小鄭來自商業創業氣氛很濃厚的城市，從小在經商的家庭環境耳濡目染成長，所以他的身上就有創業的基因。正是因為他的父輩是從事商業活動，做貿易生意的，所以小鄭才不敢一大學畢業就開始貿然地創業，而是選擇通過在一個好公司去工作，找到能夠鍛煉自己能力和發揮長處的平臺。工作期間，小鄭不僅認真地完成工作並且思考，他是真正投入進去，並沒有認為自己是為公司打工，與其說是在公司上班，倒不如說小鄭把公司當成鍛鍊自己處理業務能力的學校。

「小曾，我想辭職了，還是想證明自己的能力，自己創業試試看。」小鄭說得很認真和正式，不像開玩笑的樣子，然後拍了拍小曾的肩膀，「其實我剛剛畢業就有這個想法。」夜晚，兩人就這樣，在小鄭的家裡一邊喝茶品茗一邊聊著。

「之前大學喝酒的時候，我們就聽你說過。那你創業是哪個領域的？」小曾問道，「辭職手續辦好了嗎？」

「網路電商，我對這個感興趣。」小鄭抿了口茶，說：「手續已經辦好了，我現在很想試試。」

「現在是網路時代，網路大大地改變了我們的生活和消費方式。網路和傳統行業結合，我覺得是未來很有前景的行業。」小曾把自己對網路的思考和想法和小鄭分享了，這一次他們兩人都推心置腹地聊了自己未來的規劃和對現在商業模式的看法。

「網路的時代，使得有才華的人都能夠找到屬於自己的平臺。只要是有才華的人就不用擔心被埋沒，但前提是真正的有才華，而不是自己認為的有才華。」小鄭說著說著自己也笑了。

「網路確實是一個很好的平臺，但是小鄭你自己真的想好了嗎？你為什麼要去創業，你有認真問過自己的內心嗎？」小曾追問。

「為什麼創業，其實具體的我也說不出來。我只是不願意再過著重複且單調的生活了，我想換一種生活方式，就這樣。」

「我懂你的意思，就是不想安於現狀了，想改變自己的生活軌跡，對吧？」和小鄭這麼多年的相處下來，他們兩人還是挺默契的，小曾還是能夠理解小鄭的想法，其實小鄭的想法也是當下大多數青年人的想法。

「其實也不全是為了換一種方式生活，而是我也想證明自己的能力，能夠不辜負信任自己的人。」稍作停頓，小鄭說：「現在我們青年人的壓力也大，我不想讓我自己賺錢的速度比自己父母親老去的速度還要慢，我上個星期回家，在吃飯的時候，我看到了我媽鬢角已經有幾根白髮，再反觀自己現在的工作，我覺得很慚愧。」原來小鄭選擇創業也不單是為了想換一種生活方式，父母讓他很有感觸，他想讓自己的父母過上好日子。

「我也是，我們的爸爸媽媽也已經年過半百了，上次和爸媽他們去旅行的時候，我也注意到我媽鬢角的白髮，她的額頭上也多了幾條皺紋。爸爸的背影也有一些歲月蒼老的痕跡，鬍鬚也有幾根白了。」

說起自己的父母親，也觸動了小曾心中柔軟的地方。誰不想讓自己的父母，讓自己的家人能夠過上好日子呢？可是又哪能事事都能如人意呢？

「所以我們作為兒女也得努力，讓我們的家人過上好日子。其實說實話，我們現在年輕，累點苦點也沒什麼，主要是有追求的目標，對未來有期待。」

「我也覺得網路不錯，用心學用心做，我們倆要不要合夥創業試試看？」小曾主動想找小鄭合作。

小鄭聽了小曾的話，立刻變得振奮了起來。因為他想創業，也想找到合適的合作人，畢竟找一個好的創業搭檔並不是一件容易的事。

「可以，如果朋友之間合夥創業，溝通起來也直話直說，不累。但是朋友合夥創業弊端也不少。」小鄭也願意和小曾合作，但他有自己的擔憂。

「你是擔心像西平和阿觀合夥做生意出現的情況那樣？」小曾問，西平和阿觀都是他們初中的同學和朋友，現在也有來往。

「西平和阿觀合夥創業的事，你知道了吧。他們現在連朋友都做不成了，最後搞得公司不知道聽誰的，公司內部分歧很厲害。」

「我知道這事，他們公司開業當天我還去了呢。他們沒有簽訂合約，完全是口頭約定，他們兩人的利益分配和分工都沒有安排好。要我說，我們倆如果合作的話就是先小人後君子，先禮後兵。」

「怎麼個先小人後君子法，說來聽聽看。」小鄭也好奇小曾有什麼方法。

「如果我們合作的話，就是把我們的利益、分工以及未來可能出現爭執的情況，首先白紙黑字地寫清楚，把協議寫好，雙方同意後，我們就簽字。」

「這主意不錯。」小鄭聽小曾說了之後，心裡很高興。因為他看過太多因為朋友間合夥創業，最後意見不和，甚至連朋友都做不成的例子了。熟人朋友之間合夥創業，固然溝通起來方便很多，節省了溝通的成本。可是，利益分配和分工不明確也容易導致問題出現。所以小鄭和小曾他們就採用先禮後兵的模式，把合夥人的股份、利益分配和分工白紙黑字地明確下來，按照規章制度辦事，創業合作也有原則，免得到時候一拍兩散。

「行，我們簽訂好合約之後就按照規矩辦。」小曾之後就去整理合約，雙方逐條反復確認，都要雙方能夠接受。

雙方把合約內容明確之後，一式三份，小鄭和小曾各持一份，還有一份在律師那裡。經過反覆確認之後，就在合約上簽字了。

從此過後兩人一拍即合，達成了默契，小鄭和小曾他們兩人決定一起創業。

✦小鄭的懊悔

當小鄭看到自己同齡的朋友在自己工作的兩三年裡，選擇了網路領域的創業，而且還做得不錯，他甚至有些後悔自己去公司上班。

夜晚，小鄭的小別墅家中，周圍很安靜，打開窗戶還能聽到遠處的蛙鳴聲。

小曾今天來小鄭家中聚餐，飯後他們在一樓喝著茶，一邊看著新聞。吃飽後的小鄭，作為東道主，在為其他人煮水泡茶。

「你還記得我們大學同一屆的小豪，他畢業之後就選擇了自己創業。」小鄭右手還在沖著茶，對小曾說起了他們共同的朋友小豪的創業經歷。

「知道，他是做網路電商，在網上買服裝，聽說做得不錯。」

「嗯，如果能選擇一次，當初大學一畢業選擇創業就好了，就不用浪費兩三年的時間。」小鄭的語氣之中帶有一些懊悔，他心裡想自己當初怎麼沒想到要去創業呢。看看現在的小豪，再對照一下自己，小鄭自己感慨的同時也有一些懊悔，如果歲月能重來，自己也想和小豪一樣，但自己也能否像小豪一樣能夠創業成功呢？他不知道，因為他知道自己想的是假設。

小曾拍了拍小鄭的肩膀說：「小豪他在大學二年級的時候就開始準備創業了，他也經歷過兩三次創業失敗。如果像你我這種一畢業，沒有社會工作經驗就去創業，風險肯定很大。」

「也是，小豪他在創業上也遇到不少坑，他經歷過我們沒有經歷的。我們沒有想清楚就匆匆忙忙去創業，肯定不行，而且那時候我們也沒那麼多的膽量和氣魄。」小鄭倒也坦誠，接著他又做了一個假設說道：「假如還有如果的話，我們也像小豪一樣，從畢業開始就選擇創業，甚至也做和他相同的行業，今天的我們會是什麼樣的？」

「哪裡那麼多假設，就算我們和小豪一樣，剛畢業就選擇創業也不一定能有像小豪今天的成績，畢竟人和人之間還是不一樣的，對吧？」小曾一邊說話眼神也一邊留意他臉上神色的變化。

此刻的小鄭變得安靜沉默了，眼神也變呆了，彷彿陷入了沉思，在身旁的小曾都看在眼裡，小曾望了望窗外遠處的高樓和路上來往的車流。

「不要糾結於過去，我們還是向前看，把精力放在思考接下來要怎麼做？過去了就讓它過去，可是要吃一塹長一智，就當是交學費買教訓了。」小曾的話打破了屋內的沉靜，使得小鄭回過神來。

「嘿嘿，說的也是，我這樣太鑽牛角尖了。」小鄭若有所悟地說道。

✦合夥創業的小鄭、小曾

兩人經過商量，決定了創業做電商，借助網路平臺銷售手機配件。現在是網路時代，手機大大地改變人們的生活，幾乎人人都有手機，所以和手機相關的配件：手機殼、手機保護膜、耳機等的需求也不斷增加。

小鄭和小曾開始了自己的創業，兩人非常有激情，做得也很賣力，因為是自己選擇的創業的路。剛開始創業的半年內，壓力不小，公司還沒有盈利甚至有些虧損，所幸兩人還有部分的積蓄可以先墊著。

兩人覺得還是很有目標。因為小鄭和小曾不僅是大學時期的好朋友，而且兩人志同道合，小曾也願意跟著小鄭一起創業。可是，當他們創業半年後都在虧損的時候，他們家裡的父母有些微詞、怨言了，甚至還希望他們放棄創業，找個公司去上班。

憑藉著兩人在不斷地摸索和學習，通過將近一年的努力，他們公司開始轉虧為盈了，他們兩人之前投入的成本也都收回來了。

公司慢慢地步入正軌，逐步開始盈利，儘管賺得不是很多，但是小鄭他們覺得開心，因為這也證明了他們自身的能力。讓小鄭他們覺得創業是有意義的，是當他們看到顧客買到他們公司設計生產的產品時臉上露出的笑容，這樣公司同事們的勤勞付出也得到了該有的回報。他們覺得創業有時候不單單是為了自己，同時也是為了他人。小鄭他們是因為不想安於現狀，而邁出了創業的腳步。令小鄭高興的地方是，除了公司開始轉虧為盈之外，他也能感覺到自己的改變，能夠積極與其他人交流，更主動與他人互動和分享。他覺得自己是在做一件對社會和自己有意義的事情，沒有白白地浪費自己的青春。

✦「想要邁大步」

儘管公司開始轉虧為盈，但是他們兩人還是不滿足於此，因為創業就闖關遊戲一樣，這關通過了還有下一關。公司近期的營收使得他們更加堅定了信心，所以他們應該順勢而上擴大公司的業務範圍，增加公司的收入。

趁著過年春節的時間，小鄭、小曾和小豪他們都有碰面聚會的機會，平時大家都忙著自己的事，難得有聚在一起的時候。

在春節朋友間的聚會上，小鄭和小豪經過了一番寒暄之後，借著杯中酒，推杯換盞之後，他們之間的話匣子也逐漸打開了。

「我和小曾想要明年再把公司的規模擴大一些，去年雖然整整辛苦了一整年，但是還是值得的。」小鄭對一旁的小豪說。

「那不錯啊，有收穫就好。」小豪借著酒意微笑著說。

「小豪，你這幾年公司做得相當好，給我們立了一個榜樣。」小鄭說完之後，舉起了手中的酒杯，「來，小豪，我們來乾一個，新年快樂。」

「乾杯，新春大吉，祝明年大家事業更上一層樓。」小豪和大家碰杯之後，就非常豪爽地一飲而盡。春節的喜慶讓忙碌了一年的人們難得有時間放鬆下來去享受節日的氛圍，但是像小鄭和小曾這群創業者，儘管趁著過年的閒暇也難得放鬆下來，但是他們的思維一刻也沒放鬆下來，因為他們還在創業階段，還在想著怎麼樣讓公司生存下去，讓自己的創業公司「活得好」。

小鄭一心想著如何讓自己的公司在來年邁開大步向前走，擴大公司的規模，購買機器設備，擴大生產。創業以來，小鄭和小曾兩人合夥，相互配合，小鄭主要負責決策，小曾負責執行和管理，他們兩人性格也互補，小鄭有想法和魄力，小曾謹慎步步為營。

✦沒有專注力的聚焦

春節開工之後，小鄭他們緊鑼密鼓地購買生產機器，並且在多個網路電商平臺上增加廣告投放，已達到吸引消費者流量的目的。甚至匆匆忙忙購買了機器自己製造手機殼、手機鋼化保護膜、耳機等，之前他們公司的主要使用自主設計的手機殼為主，現在他們公司的產品的種類雖然增加了，但是缺乏聚焦在產品上的做好和做精。

春分過後，冷空氣南下，天氣一夜之間就降溫了。在廣東生活的人們，從昨天的夏季短袖又變成了今天的長袖。天空上厚厚的雲層，太陽躲在雲層懶得露臉。公司的辦公室內，小曾手上還在鍵盤上敲敲打打，小鄭也沒有閒著，在平臺網頁上看最近公司最近的經營資料。可是小鄭越看越變得沉默，神色也明顯不對了，他甚至微微咬了自己的嘴唇，表情變得凝重。

「哎，完了，怎麼會這樣。」小鄭說話的音量忽然放大，驚擾了正在忙碌的小曾。

「什麼情況，這麼大聲。」小曾暫時停下手中的工作，不解地問道。

「我看最近銷售的資料，和我們以前差太多。」

「差多少？」小曾繼續問。

「和上個月相比，又少了百分之六十。」

「不能讓情況這樣繼續下去了。我們得主動些，看看能不能彌補我們的損失，銷售額再這樣銳減，我們吃不消。」小曾認為要妥善處理。

「我們顧客的差評，和上個月相比增加了不少。」

「客戶的差評，有時候不能全怪客戶。我們也有一部分的責任。」

「我知道。這次責任在我，本來經營地好好的。不知道哪根筋搭錯了，一心想擴大公司的規模，讓我們的產品更加多元一些，反而弄巧成拙了。」自從小鄭改變了公司的經營方向，提出讓產品多元化，銷量就銳減了。

小曾沒有馬上接話，沉默了一會。因為他一時之間也不知道怎麼說才好，指責小鄭也不是，認同小鄭也不是，總之這時候的小曾自己也很矛盾。他不想指責小鄭，是因為小鄭做決定要把公司的產品多元化擴展的時候，他是認同的，自己不想公司依靠單一的產品在市場上競爭。但是公司產品轉型，需要投入一筆不小的資金，去購買設備，更新生產線，他有考慮擔憂過成本問題，但沒想到公司產品轉型之後銷量會銳減，也沒有站在消費者的角度去思考問題，一味地想著去擴大規模實現產品多元化，這樣一來必然導致精力分散，不能在專注在產品上，把產品做精做深。

因為自從去年轉虧為盈之後，小鄭就對公司的收支平衡的概念放鬆了好多，而且購買機器、更新生產設備和投放廣告也是一筆不小的支出，所以小鄭就顯得有點盲目樂觀。

儘管小曾在這個過程中不止一次提醒小鄭，在公司邁開大步走的時候謹慎些，但小鄭還是聽不進去，絲毫沒有放在心上。小鄭的自大導致他不能對市場需求做出理性的判斷，在他的固執觀念裡，他自己現在這麼做就一定能讓公司賺到更多的錢，讓公司更好。

其實小鄭這樣做，他們的公司會是怎樣的結果，我們可想而知。果真過了兩三個月，公司的收入對於公司擴大規模的支出來說，還是杯水車薪，他們的公司這次虧損不少，甚至達了破產撐不下去的危險邊緣。

◆踩坑後才會知道的

通過小鄭的案例，我們知道創業公司在任何時候都不能掉以輕心，因為任何時候都有失敗的風險，要時刻保持警惕和客觀。小鄭他們在第一年轉虧為盈之後，有一些盲目樂觀和自信，使得他們失去理性的判斷。

對自己公司產品的專注力還不夠，甚至在自己公司的單品還沒有做好做精之前，就盲目地擴大規模，增大成本的投入，而且是匆忙的投入，結果好不到哪裡去。

儘管創業是屬於勇者的旅程，需要創業者超強的眼光，創新和敢為人先的精神。可是創業更需要沉下心來，踏踏實實地做產品，專心用心地服務使用者，解決消費者的痛點和需求。

有時候想在多方面發展，倒不如把專注力聚焦在一點上，創業不是求產品種類的多寡，把公司的單品做好就已經很不錯了。創業也需要花時間，用心專注在產品上，不要三心兩意，我們人的精力是有限的，有時候能夠做好一件小事就已經不錯了。與其心猿意馬、分散精力，倒不如專注去做好產品和服務。

如果小鄭把自己的專注力聚焦在把產品做好做精上，而不是追求數量的多寡，我想結果會截然不同。在創業的道路上，失去專注力，把精力分散，就很容易走向失敗。

CHAPTER 8

找到了市場需求，還是沒有解決痛點

小吳成長在一個商人家庭，他的父親是做傳統行業生意的，他老是想獨立出來，在新興的行業去闖出自己的一片天地。在出國留學回國之後，憑著自己手上的積蓄和家裡給的現金，一共大概有三百多萬。有了這筆資金，小吳就和兩個大學期間認識的朋友打算一起創業了。

小吳他們創業比其他人更有優勢，有家裡的資金的支持作為創業啟動資金，並不是每一個創業者都有小吳這樣幸運。當然小吳在其他人的眼中不僅是出國留學，學成歸來的學霸，而且是一個非常有想法和有能力的青年人。當然，有著這麼多優勢的小吳去創業，走的每一步也並非一帆風順。

✦商會聯誼酒會的偶遇

一天的傍晚，天色已暗，夕陽在天際沒有了蹤影，上班族也從公司陸續返回家中，這個時候，小吳和他朋友們的聚會才剛剛開始。這次聚會是當地的商會組織為了一次聯誼活動，小吳之所以能受邀參加這次活動，有兩個重要的原因：一是因為小吳的父親，二是小吳以留學生的身分投身商界。儘管小吳曾經想極力擺脫自己父親的影響，但人們還是不可完全避免把他們父子倆聯繫在一起。

這次活動是在當地的一個酒店大堂舉行，在酒店大堂上方還掛著一個橫幅：「商會聯誼活動」，人很多，大都是這個城市知名的商人和企業家，各行各業的都有。這次活動在當地商會會長趙新則的致辭中有序地展開，小吳因為參加類似的活動多了，自然就有了經驗。

當地商界知名的幾個大佬聚在一起談天說地，像小吳這樣的後起之秀在和這些大佬們碰杯敬酒和簡單的自我介紹之後，他們就連忙退到了一旁，幾個年輕有為的同齡人就聊起來了。

在這次活動上，小吳碰上之前中學時的同學小彬和小城，他們也是大學畢業之後選擇了創業。這三個人一邊舉杯喝酒敘舊，也一邊聊著創業的事，他們雖然有將近十多年的時間沒有見過面，但還能準確地認出彼此來，隨著交談的深入，他們之間的話匣子也逐漸打開了，對於彼此的印象也從中學時代拉回到了現在。

酒店大堂的另一側，幾個人手裡都拿著酒杯圍坐在一起，正是小吳他們幾個在閒聊。經過他們彼此寒暄和簡單介紹自己所從事的行業之後，小吳先說出來自己的感慨：「現在傳統行業都受到了網路的影響，也可以說網路影響了各行各業。」

「網路的時代，我們生活和消費方式也被重新定義了。」小彬接著小吳的話往下說，「現在的網路是一個新的風口，如果能夠利用好網路，對我們創業的人說是一個機會。」

「哈哈，你們兩個把我想說的話都說話出來了。其實我們可以一起合計合計，說不定還能碰撞出新的創業想法。」小城微笑著望著他倆說：「或許我們將來還可以合夥創業呢。」

「咦，小城這個提議不錯哦！」小吳隨即應聲說道。在一旁的小彬看此情況，便連忙端起了酒杯表示對此贊同。

「我們三人乾一杯吧！」話音未落，他們三人便舉起了手中的酒杯，高腳杯中晃動的葡萄酒散發著濃濃的酒香。

「話又說回來，網路確實給我們的生活方式帶來非常大的便利，可是我們也不要忘了網路只是一個工具，我們可以借助網路平臺做很多事，很多我們之前做不到的事。」小城雖然看好網路，但他對網路的認知還是清醒的。

「其實我們從生活中接觸到的，還有網路媒體報導的，讓好多人以為創業一搭上網路就以為萬事大吉，卻沒有好好去用心經營自己的產品。」小彬說出現在一部分青年創業者一心只想著借助網路的風口，而不踏實用心做產品和服務的弊端。

「現在這種情況，確實很多。拿掉網路的部分，就是一個普通的項目嘛。然後他們再做一個軟體APP，吸引到投資，再融資一兩次就有上千萬的估值。可實際上，他們也沒有把心思放在產品和服務上。」說話的正是小城，小城這番話一出，便引起了在場人們的熱議，場面也變得熱鬧起來。

「不過我們還是不能否認網路是一個偉大的發明，現在我們在國內生活，基本是一個手機走遍天下，現在也基本人手一個手機，太便利了。」小吳邊說著也比著手勢，「生活在網路的時代，每個人都在體驗著網路帶來的便利。」

◆創業合夥人

經過半個多月的協商和市場調查，小吳他們緊張而有序地進行創業開公司之前的籌備工作。他們決定了做生鮮電商，因為農產品生鮮屬於高需求的產品，但是初次試水生鮮電商生意的他們，由於資金有限，決定在城市的兩個地區先作為試點，如果可行再進行推廣。

小吳他們對海鮮產品比較感興趣，可能是自己從小在海邊長大有關係，自己對海鮮比對其他食材要更清楚。可是他也知道海鮮產品的保鮮技術是關鍵，操作起來難度不小。而且做海鮮成本計較高，又不易於保存。所以他們決定去做做市場調查之後，再去確定創業的大方向。

小吳負責市場需求的調查、小彬負責註冊公司的相關手續、小城負責籌集資金，三個人分工合作地完成創業前的籌備工作，經過兩個多月的努力，公司開始運營了，小吳他們三個人成了真正的創業合夥人。

在他們在成為創業合夥人之前，還發生了這樣的小插曲。

由於小吳他們三個踏入社會工作以來，在現實生活中見過太多朋友之間合夥創業或者做生意，無論成敗與否，朋友之間鬧僵甚至最後連朋友都做不成的例子了。再加上小吳父親的建議，所以他們三人把出資比例、股權占比、公司成立後的分工、誰負責經營管理、誰負責技術等一系列今後有可能出現爭議的問題都一一白紙黑字地寫在了紙上，因為他們不想最後連朋友都做不成。換句話說，這麼做不僅有契約精神，而且也是珍惜他們之間的交情，先小人後君子，交情歸交情，合作歸合作。

一個經歷過忙碌的午後，小吳他們三人在自己公司的辦公室簡單吃完午飯之後，泡上了一壺普洱茶解渴。他們一邊喝茶，一邊聊起了工作。

「我們從籌劃到現在公司開始運轉也有兩三個月的時間了。」小吳感慨道，「這段時間來大家都辛苦了，我覺得生鮮電商是非常有前景的。」

「農產品生鮮是一個非常大的市場，而且需求量不是一般的大。因為人要吃飯，一天三頓，有時候甚至一天不止三頓。隨著經濟的發展和生活水準的提高，我們對食物和農產品的需求已經從「吃飽」變成了「吃好」的時代了。」小城也和小吳一樣對生鮮電商的未來，特別是對生鮮電商的市場需求充滿信心。

「說是這麼說沒錯，農產品生鮮確實有很大的市場需求。但是我有個隱隱的擔憂，就是有那麼多網路電商平臺也在做類似的生鮮電商，但是最後能夠做成功的很少，所以要把這件事做成難度還是不小的。」小彬儘管也認同農產品生鮮有很大的市場，但是還是有一些擔憂。

「現在的年輕消費者不願意拋頭露面，花時間去菜市場或者超市買食物，因為在超市或者菜市場這樣的實體店的消費體驗並不好，所以我們做生鮮電商還是有機會的。」小城試圖讓自己的分析能夠減少小彬的憂慮。

兩人聽了小彬的擔憂，也覺得不無道理，這個問題也時刻存在他們的心中，也在思索著能夠解決這個問題的答案。

可是開弓哪有回頭箭，兩三百萬的資金投入下去了，經過這是他們三個合夥的資金，這也是一筆不少的數字。

他們在開始從事創業之前，他們也有認真地搜集了一些生鮮電商的一些真實案例，不少電商平臺都有生鮮產品品質問題的存在，所以在他們自己從事生鮮電商創業時會格外關注這個問題。

✦創業兩年之後

在小吳他們三人開始生鮮電商創業的兩年之後，他們手頭上可用的資金越來越少。因為他們除了嚴格按照標準把關生鮮產品的品質，還在做了一個生鮮電商的小程式，這個也是一筆不小的投入。

創業之初，他們也學著像網路公司那樣嘗試做一些優惠來促銷，但是優惠的規模和力度當然不能和那些網路巨頭相比。經過一些促銷讓利和優惠的手段，儘管還沒開始盈利，但也吸引到了一些用戶，但是這些用戶還是熟人居多，要不就是朋友的朋友。

而且更要緊的問題就是和超市或者菜市場賣的生鮮產品相比，小吳他們的生鮮電商平臺賣的產品的優勢並不明顯，說得不好聽就只是生鮮超市基礎上再加了配送服務，生鮮電商的優勢沒有凸顯出來。此外還有一點，就是生鮮產品的保質期短，讓生鮮平臺因為囤貨增加了成本，為保證產品品質，賣不出去過期了只能處理掉。

小吳他們三人就眼睜睜地看著投入的成本越來越多，手裡可支配的現金越來越少，剛剛開始他們也曾想方設法地改善經營狀況，也在絞盡腦汁地想怎麼才能拿讓公司持續盈利，也嘗試過很多的運營手段，但都收效甚微。

「明明生鮮的市場需求那麼大，可是為什麼我們生鮮電商的平臺就是做不起來呢？」小吳、小城和小彬他們三個人在這時候都產生了這樣的疑問。「其實我們要把這件事做成，憑著我們現在的資金和條件還是遠遠不夠。那些網路巨頭也不一定能夠把這件事做好，況且他們手上有巨額客群和大把的資金。」小吳說。

創業之後的一年時間裡，他們懷抱著很大的激情和希望，但時間久了，就算有滿腔熱情也被慢慢地消磨得差不多了。

兩年時間過去了，小吳他們三人合夥創業的電商平臺以失敗收場了，投進去了幾百萬也打了水漂。

所幸的是他們都不是借錢創業，這樣的壓力還能小點，而且這次創業失敗的代價也是他們幾個人承受得起的。

在這個相互合作的過程中，他們更加深刻的感受到的是，他們曾設想會遇到的問題，和在現實中遇到的問題存在不小的差距，他們之間的分工合作也在創業過程中不斷地受到考驗。

由於有了這次失敗的創業經歷，他們在再次創業的時候能夠避免這樣的一些坑，因為花著自己的真金白銀換來的經驗教訓，遠比那些在書上和聽來的創業案例的教訓要來得更加深刻。

✦付出了代價才明白

曾國藩的《曾文正公嘉言鈔》這樣一句話：「古之成大事者，規模遠大與綜理密微，二者缺一不可。」有遠大的戰略目標和規劃，也能做好落實到實處的小事情，有戰略眼光，也能落實在具體的事情上。

農產品生鮮確實擁有龐大的市場需求，生鮮電商也著實是一個不錯的創業領域。但是小吳他們在生鮮電商領域的創業，卻做出不起來，甚至最後以失敗告終，是因為他們沒有真正解決生鮮電商的「痛點」——保證生鮮產品的品質，讓消費者能夠對他們的生鮮產品放心。在他們創業的過程中，小吳他們也隱約感覺到保證生鮮產品品質的重要性，但還是做到沒有讓消費者真正信任，並放心地購買。

其實做生鮮電商領域最大的痛點就是怎麼樣保證生鮮的產品品質，如果能真正解決這個問題，讓產品品質有保證、安全，就能讓消費者有信心。可要真正解決這一「痛點」並不容易。

在今天的創業浪潮中，針對人們的衣食住行的需求而創業的公司很多，但是能夠在創業行業內解決行業「痛點」的創業公司卻很少。了解行業「痛點」的創業公司很多，但是能夠真正解決行業痛點的人卻很少。

不少創業的人以為有市場需求，創業這事就一定能做成功。比如幾年前比較熱門的「共享經濟」潮流，共享單車的市場需求很大，但做共享單車破產的公司也不少，

試錯，是創業的必經之路

所以並不是有了市場需求創業就一定能成功。

創業是一條充滿挑戰和未知的路，是屬於勇者的路，也正是因為路上有許多未知的風景和挑戰，才吸引著更多的人去踏上創業的路。

失敗在創業過程是常見的，不能因為某一次創業的失敗就否定掉個人的未來。創業路上的每一次試錯和挫敗，都值得我們認真地去反思和學習，與其選擇抱怨，倒不如省下自己的力氣，總結和分析試錯的經歷，為下一次的創業積累經驗，讓自己有足夠的經驗和能力去應付創業過程會出現的問題。每個人都想成功，不想經歷失敗，可是現實並不是像人們想像的美好，試錯是創業的必經之路。青年人的未來充滿著無數的可能性，而創業和創新也是我們的社會保持活力和進步的重要原因。

CHAPTER 9

賭徒心理在作怪

我們每個人身上都多多少少有過賭徒心理，青年總是幻想著有朝一日通過創業或者金融投資的方式能夠早日實現財富自由。賭徒心理不僅是在存在博彩業中，青年人創業和從事金融投資時，也是一種常見的心存僥倖的心理。賭徒心理會讓青年人在創業和金融投資時「踩坑」。

前年，小耿成為某大學經濟學系的一名大學生，從大一下學期開始接觸股票和基金的投資，拿著三四萬塊錢作為本金，一邊翻著金融投資類的書一邊在金融投資的實踐中學習和檢驗自己的交易技巧和方式……

✦初嘗甜頭

最初的一年多，小耿總是虧多盈少，但是由於本金不多，也不至於傷筋動骨。之後碰上了證券市場的牛市，盈利翻倍了，把之前虧的都賺回來了，把在大學自己兼職賺到的四五萬塊錢追加了進去，所以小耿至少賺了六位數了。第一次賺到錢的小耿，變得比以前自信和開朗多了。心裡自然美滋滋的，可是高興歸高興，小耿也明白自己能夠賺到錢並不是完全是憑藉自己的能力，也有運氣的成分，自己剛進入股市沒多久就碰到了難得一遇的牛市。牛市的行情並不是每一年都有，股市的行情起起落落，並不是次次都能遇到。儘管小耿也熟知巴菲特的價值投資理論，可是操作起來還是有難度。

股票牛市到來的時候，對於有才有兩年股齡的小耿來說，初次的感覺是模糊的，迷迷糊糊地就賺到了錢。牛市時，大盤指數一個勁往上漲，甚至有些行業板塊集體漲停也出現過。學過一些粗淺金融知識的小耿，顯得謹慎甚至小心翼翼，不敢輕易下結論判斷是否真的牛市到來。

某天周一午後，讀大學的小耿也和其他同學一樣正常的上下課，從上午的第二節課開始，每逢下課的間隙他就會打開股票軟體，盯著手機看當天股票的行情。隨著下課鈴聲響起，上午的課程結束了，小耿和他們的同學兼室友小彭、阿飛、小洪他們幾個人陸續地走出了教室往學校餐廳的方向走去。

「幾天的大盤指數又翻紅了，今天一個上午又漲了將近三百點了。」小彭在午飯的時候對其他人說，小彭他們這裡說的大盤是指加權股價指數。

「已經連續四五天翻紅了，大盤指數。我上午十點多打開手機一看，大盤將近漲了三百點了。」在一旁的阿飛也隨即附和著說，「今天的金融、鋼鐵和電子股漲勢驚人，大家今天的收益應該不錯吧。」

小彭和阿飛兩個異口同聲地回答道：「一般般啦，還過得去。」

儘管他們嘴上表現得很謙虛，但臉上的笑容藏不住內心的喜悅。

這是平時很安靜的小洪也說話了：「上午總算跑贏大盤了，我持有的兩支股票今天上午的漲幅一個四．五%，另一個有六%，我兩個星期前就已經進場了。」雖然小洪說話的語氣很平和，但還是難以掩蓋心中的喜悅，「你說是不是到牛市了，近五個交易日，大盤漲幅都快接近一千點了。」

「最近大盤指數漲勢可喜，而且連續四個交易日翻紅了。至於是不是牛市，我覺得還得再看看一段時間。」小康吃飽後拿紙巾擦了嘴說，儘管近期加權指數總體確實呈上漲趨勢，他和其他同學幾個人也確實盈利了，但至於是不是牛市，小耿覺得還不能完全確定。

除了正常上課時間之外，小耿他們一回宿舍就會打開電腦在網站上看財經新聞、個股的K線圖、上市公司的財務報表。有時候也會和其他同學討論分析股票的技術面和基本面，關注個股在不同時間的資金淨流入和流出。

在二〇二〇年A股的這一波牛市中，小耿初次嘗到了賺錢的甜頭，也賺到了人生的第一筆錢，將近六位數，儘管不多，但對於一個還沒畢業的大學生來說，已經是一筆不小的數目了。

✦當初為什麼不投多一些錢進去呢

因為賺到了第一筆資金，小耿變得自信和大膽起來了。小耿和小彭、阿飛幾個人經常聚在一起探討未來的發展方向、各自的憧憬和迷茫，小耿他們這群年輕人充滿著青春的朝氣和活力，身上仿佛有用不完的力氣。

在他們大學畢業兩年後，初春，陰天的一個午後，天空沒有陽光，淡色的烏雲遮蓋了天空的蔚藍，空氣有幾分潮濕。小耿在自己家裡招待來玩的大學宿友小彭、阿飛和小洪。

古人有云，「有朋自遠方來，不亦樂乎」，大學好朋友來到自己的城市，是一件令人高興的事。小康雖然也覺得高興，但還是心事重重的樣子，甚至有些懊悔。

小康熟練地煮水泡茶沖茶，接待遠道而來的大學宿友。因為之前他們既是經濟學專業，又都炒股，所以自然難免聊起來炒股的事。

「最近大家在股票上收穫怎麼樣？」經過了一番閒聊之後，小彭把話題引到了股票上，因為他們幾人畢業之後還是從事和金融投資相關的行業，所以難免自然會問起。

「我去年上半年的盈利，不僅在下半年吐出來了，而且還虧了一堆。」在一旁的阿飛說出了他自己去年的投資情況，言語中也有一些不甘心和抱怨。去年的投資，小彭也和阿飛都沒有賺到錢，甚至還虧了一些。只有小耿和小洪盈利，因為他們都投了航運板塊，不同的是小耿的是航運類的龍頭個股，小洪買的是基金。

「我去年下半年都把關注的焦點放在航運上，雖然有盈利，但只是三分之一的倉位。」儘管小耿去年的投資有盈利了，但是他還是高興不起來，言語之中還有一些抱怨。

「小耿，你有盈利就已經很不錯了。」小洪半調侃半安慰地對小耿說。

「哎呀，當初為什麼不多投一些錢進去呢？」小耿有些怨恨自己當初的選擇了，「去年如果能夠重倉甚至全倉就好，甚至還還可以貸款或者和其他人借錢直接重倉。」小耿一邊說一邊拍著自己大腿，表示後悔了。

「小耿，粵語不是有這樣一句諺語嗎，『有早知無乞兒』啦。」阿飛用純正的廣東話說出了這句話。

「如果有那麼多的早知道當初怎麼樣，社會上就沒有那麼多乞丐了。如果都能提前知道行情走勢的話，我們也就不會虧了。」小彭順著阿飛的話說下去。

「如果失去理性的去借錢買股票，這大概和賭徒差不多吧。」小洪從小耿家裡沙發的靠背坐立了起來，喝了口茶，對小耿說。

儘管小耿覺得他們這個說的話也有一定道理，但是他還是聽不進去，甚至還固執地認為還可以通過借錢加大杆杠的方式去賭一賭，這樣才可以早日實現財富自由。殊不知小耿的這樣想法，讓他今後遇到更大的「坑」。

✦瘋狂的行情

小耿在大學期間就有關注過比特幣，但只是一些粗淺的了解，不敢立刻投錢就去，而只是選擇了觀望一段時間。小耿大學時比特幣才剛剛在國內被人熟悉，那時候的一塊比特幣也就五百多美元，按照那時候的匯率臺幣才一萬五千多元。大概在二〇一四年初，小耿看國內某財經專家在電視上大談比特幣，這位財經專家認為比特幣只是一串數字，實際沒有價值。

大學畢業了之後，小耿自己也踏上了創業之路，創業的兩三年期間他也賺到了一些錢。所以在他觀望了比特幣小半個月之後，他選擇進場了買了一部分的比特幣，初次試水的他選擇了這樣的舉措：花了三十萬臺幣買了兩個比特幣，不敢買多了，自己還留著大部分現金。

時間差不多過了一個月之後，獲利竟然將近達到了百分之七十，這麼短的時間，這個比例的收益回報，確實讓初次買比特幣的小耿心動了，甚至開始出現了幻想。這個時候的小耿覺得投資比特幣比股票還要簡單，因為他當年初進股市的時候是虧錢的，後來通過不斷地學習和調整自己的交易技巧，在自己虧損的交易過程中反思學習，提高自己的交易技巧，再碰上牛市的行情，才開始在證券市場上盈利。這一次證券市場的獲利，也成為了他今後投資比特幣的重要本金。

又過了兩天，小耿約了三五好友組織了一個飯局，借著聚會吃飯的理由，大家又聚在了一起。

小耿拿起了手機說：「我們幾個都到了，你什麼時候到……」人還沒來齊，今天來的都是很熟悉的朋友，所以就邊等邊聊天，吃點花生米和其他簡單的小菜。

「你們有聽說過比特幣嗎？最近挺流行的。」說話的是阿慶，小耿的另一個朋友，現在也自己創業做電商了。

「之前有聽說過，還涉及到區塊鏈技術，我看不懂。」坐在小耿旁邊的阿哲說。

「我上個月中旬買了比特幣，就買了兩個。」小耿說完這句話，桌上的其他人都投來了羨慕的目光。

桌上另一個朋友問：「收益應該挺不錯吧。」

「還不錯，差不多三個星期有百分之七十的收益。」小耿回答道。

「這麼短的時間內，這樣的回報率挺高的……」

「可是電視上的財經專家，說比特幣是一個騙局。比特幣本身是一串沒有實際價值的數字。」坐在小康隔壁的阿慶說。

「電視節目的經濟學家的話能信嗎？他也不過是說出了自己的看法，並非是事實。」小耿邊說邊笑。

「可不是嗎？現在經常在電視拋頭露臉的所謂專家，特別是在帶有廣告性質的節目，他們說的話，哪裡能相信呢？虛假廣告多得很，欺騙觀眾的很多。」說到所謂的專家，阿慶就興奮起來了。

「也不能怪這些專家們，他們也要吃飯，他們也是拿著劇本的演員。」小耿調侃道。此刻的小耿，也通過上網查閱了不少比特幣的資料，能夠粗淺地了解比特幣。至於比特幣是不是騙局，他不敢下決定，也不想輕易地下定論，他想再看看。比特幣的行情確實是往上漲的，自己也不敢買多。

「不過話又說回來了，小耿你當初怎麼會想到去買比特幣，怎麼敢去買？」阿慶好奇地問。

「阿慶，你搶了我的臺詞了。哈哈，不過這也是我想問小耿的。」小康也和阿慶一樣，也想問小耿這個問題，所以他們兩人不約而同地都把眼神投到小耿身上。

「我也是因為朋友推薦介紹我買的，初始我也不看好比特幣，因為我看不懂，不敢買。我現在是買了比特幣，可說實話，我還是看不懂比特幣。只是覺得能賺錢，就試試看，虧了也不要緊。但誰又能想到比特幣能漲到今天這個價位呢……」

自從那天的聚會之後，小耿投資比特幣獲利百分之七八十的事，在周圍的朋友之間傳開了，甚至連朋友的朋友們都知道了，甚至有些人都開始拿出現金嘗試買了比特幣。

夜深了，月亮高掛在天上，可是小耿卻睡不著，他還在想比特幣的事。

✦借錢炒幣的「賭徒」

面對持續上漲的比特幣行情，一心想早日實現財富自由的小耿怎麼能不心動，何況他自己手頭上還有將近一百多萬的現金。

經過了兩三天的心理鬥爭，他把手頭上的資金轉入了比特幣帳戶。但是剛入買入第二天就遇到了大跌，跌幅將近十五％，短短一天帳面上就是少了十幾萬。面對下跌，小耿沒有及時止損選擇退場。這一次小耿是下了重本想要買比特幣，一心想要翻倍，所以小耿就四處借錢，甚至從銀行貸款去炒幣。

人一旦利益熏心就很難理性了，小耿不僅是借錢炒幣，而且還杠杆加倍了。這樣的小耿已經不是投機了，更想是一個紅了眼的賭徒了。

可是當小耿靜下心來想想，問問自己比特幣真的是騙局嗎？其實他也不知道，他自己也在賭，他在賭讓他看不懂的比特幣不是騙局，他也在賭比特幣的行情不會下跌還會繼續上漲。如此這般，他自己與賭徒又有什麼不同呢？

小耿並不是一個愚笨的人，在之前自己能靠努力工作賺到人生的第一桶金，更說明小耿是一個精明的人。

如果不是因為比特幣讓他嘗到了甜頭，賺到了錢，他哪裡會掏出這麼多錢來買比特幣呢？正應了小耿家鄉的那句俗語：「輸錢是從贏錢起」，他第一次買比特幣的時候，是拿出了一小部分錢想試試看比特幣究竟能不能賺錢，是抱著嘗試的態度，即使虧了也不要緊，就當是交個學費了。可是現實不用他交學費了，反而讓他賺到錢了。這也讓他產生了錯覺：接下來要掏出重本來買比特幣，想要賺很多很多錢，可這一次沒有上一次那麼幸運了。

面對比特幣急漲急跌的行情，使用了加倍杠杆的小耿，沒過多久就被爆了倉，可以說虧得一塌糊塗。手頭上的一百多萬現金大部分還是他自己創業做生意要周轉的資金，現在比特幣虧了，自己的事業也受了嚴重影響。

✦事後反思

借錢炒幣的小耿身上賭徒心理太明顯了，因為賭徒心理不僅使得正在創業的小耿踩了這麼大的坑，而且使得他剛剛有起色的事業和工作遭受到了打擊。如果小耿能夠專心創業，遠離投機，沒有那麼明顯的賭徒心理，可能就不會遇上這麼大的坑。

創業是一個充滿著不確定性和未知的過程，可是創業不是賭博，這兩者之間並不能畫上等號。創業者需要勇往直前、敢為人先的精神，但不等於賭博的那種精神。

人多多少少都有一些賭徒心理，但是小耿已經不是多多少少的問題，賭徒的心理已經讓他迷了心竅，連理性判斷的能力都喪失了，他一心想著就贏錢。像小耿這樣的人去買比特幣，不僅不能算是投資，甚至嚴格意義上講也不能是投機，往嚴重裡說，像是一場賭博。放眼全世界，有幾人是能靠賭博起家的。就算是香港已故的賭王何鴻燊，他自己是經營博彩業，也不靠賭博。

創業也和做學問一樣，需要大處著眼，小處著手。每一步都要落到實處，腳踏實地，從做好小事開始，不求快，不做妄想。

做事鬧哄哄，一心想著走捷徑，老想著一夜暴富，有這種不切實際的想法都難以長久，也很難成功。

人一旦有了賭徒心理，幻想著自己能夠暴富，已經沒有了理性的判斷。小耿也不是一個愚笨的人，要不然他也不會在就業的兩三年時

間取得不錯的成績，只不過小耿因為買比特幣紅了眼，賭徒心理已完全占據了他的理性。

CHAPTER 10

就是騙你沒商量，新版的龐氏騙局

社會，物欲橫流的誘惑著；人心，喧嘩躁動的起伏著。

城市，燈紅酒綠五光十色，人們擁擠在路口汽車的轟鳴聲中。

新版的龐氏騙局煽動的是人性的貪婪，儘管是有著多年社會經驗或在創業數年略有小成的人，也難免深陷其中。查理斯．龐茲雖然死了，但是以他命名的龐氏騙局，還是會以換湯不換藥的新方式出現。

儘管巴爾扎克曾經說過：騙子旁邊必有傻子，可是遇上龐氏騙局的「傻子」也並非全是愚笨之人……

◆婚禮上的「心動」

夏季，陽光明媚的午後，一場經過幾個月的精心籌劃的婚禮正在有條不紊地進行著。小賀這次婚宴擺酒的酒店靠近港口，新郎小賀和新娘站在海邊酒店的大門口，迎接著來自四面八方前來道賀的親朋好友，大家都沉浸在喜慶的氣氛當中。

這一天是小賀大喜的日子，站在酒店門口迎賓處的新郎和新娘，望著從遠方前來的朋友從車上走下來，來向他們表示祝賀，心裡自然高興。不一會兒，酒店門口的停車場就差不多停滿了車，場面真是熱鬧。

一輛法拉利慢慢地開到了酒店門口就停下來了，車門打開，走下來一身齊整西裝的帥哥，徐徐朝著小賀走來。小賀定睛一看，正是自己剛剛踏入社會去工作時的同事——范哥，范哥比小賀年長兩三歲，當年在工作的時候，范哥很照顧他，兩人亦師亦友。

當看到開著法拉利的范哥的時候，小賀的心裡是驚訝的，他好奇為什麼范哥在短短的兩三年的時間裡就可以買了輛法拉利。小賀在驚訝的同時，也在想自己什麼時候也能夠買一輛。

「小賀，祝賀你新婚快樂，恭喜恭喜。」小范親切地對新郎和新娘表示祝賀之後，便拿出禮物遞給新郎小賀。

「謝謝，裡面請，范哥遠道而來辛苦了！」對范哥的到來，他著實感動，因為上周范哥正在國外度假，為了參加小賀的婚禮特地趕回來。婚禮上，新郎和新娘向參加婚宴的各桌賓客敬酒一圈之後，范哥特地端起酒杯，走向新郎小賀和乾杯……

婚禮結束，小賀和新娘目送前來參加婚宴的賓客陸陸續續走出酒店。小賀看到自己的二弟阿帆正在陪著范哥說話，所以小賀就朝著范哥走過來了。

「范哥，謝謝你特意從國外趕回來參加我的婚禮，兄弟我很感動。」小賀真誠地表達了對范哥的謝意，和范哥已經快三年不見了，他們默契地的握手和擁抱。

「我們是好朋友也是好兄弟嘛，自己兄弟新婚大喜的日子，無論我在多遠的地方也都要趕回來參加……」范哥很動情地說了這段話。

「范哥，你從外地過來，要在我們這裡多住幾天，好好看看這裡的美景和品嘗當地的美食。」小賀誠摯地邀請范哥多住幾天再回去。

「沒問題，正有此意。不過有事你先忙，有阿帆陪我說話就行。」高興的范哥對新婚的小賀說。

「好，范哥，我先去忙了。」小賀在走之前還囑咐自己的二弟說，「阿帆，任務交給你了，你這兩天好好陪范哥吃好喝好玩好。」

看到開著法拉利的范哥出現時，小賀心中也是有疑惑的，但是心動的感覺大過疑惑，他想找個時間再問問范哥。

✦范哥講自己的「奇遇」

阿帆還記著自己大哥小賀的吩咐，第二天上午，就叫上自己兩個朋友陪范哥去茶餐廳吃了茶點，上午大概十點鐘，阿帆開自己的奧迪車，范哥開著那輛法拉利，一共兩輛車，載著四五個人，去附近的景區兜風。阿帆給范哥仔細介紹著自己家鄉的地理和歷史，開著車沿著海岸線走。

下午，阿帆他們幾個人陪著范哥，驅車北上前往歷史景區參觀，也參觀了當地的佛教聖地。阿帆由於做過功課，所以他能熟練和范哥介紹沿路景區的歷史和民俗，到了傍晚，范哥回到了下榻的酒店休息。

夜幕降臨，海上的燈火閃爍著。海景酒店的包廂內，落地的玻璃窗，可以看到外面的讓人驚歎的海景，這個酒店是小賀特意訂來招待范哥的。

餐桌上，阿帆根據在大哥小賀的叮嚀，點了有當地有特色的海鮮和其他菜。酒過三巡，大家喝著杯中美酒，品嘗著美味菜肴，欣賞著美景，夫復何求？

俗話說靠山吃山，靠海當然吃海鮮，太陽在傍晚的天邊慢慢地藏起了自己的身影，躲在靠近海平線的附近。落日的餘暉灑在海面上成了粼粼的波光，如絲綢柔軟的波光隨著停靠在港口的小舢板慢慢地晃動，從酒店的窗口望出去剛剛好正對著。

在歡快的交談中，大家像切換電影鏡頭一樣，談起過去的往事，趁著酒興，大家問起了范哥的近況，之前在朋友圈只是了解到了范哥生活過得很豐富多彩，經常去國內外旅行，但還是不知道范哥具體是做了什麼賺到了錢。

「對呀，范哥，你三年前從公司就辭職了，我們只知道回到了自己的家鄉去發展，但具體是做什麼呢？」小賀問的也是其他人心中的疑問。

范哥端起了酒杯抿了口酒，便講起了他這幾年的經歷：「自從三年前，回到自己的家鄉開始創業，一開始也沒確定做什麼，還延續著之前的老本行——廣告設計，創業初始收入也不理想。後來自己的妻舅介紹了自己投資的一個虛擬貨幣的項目，也跟著投了十萬進去，不到半年不僅收回了本金，而且翻倍了。沒過多久，我和我老婆兩人又投入了三百多萬，將近兩年的時間又翻了兩三倍。」范哥說話的時候，吸引了飯桌上其他人的目光，他們在心動和羨慕的同時也有一些懷疑。

「那范哥，你當初怎麼敢投入十萬進去，你就不擔心萬一打水漂嗎？」小賀表示自己的疑問。

「如果當初不是自己的妻舅真真實實地從虛擬貨幣這裡賺到了錢，之後買了豪車和豪宅。我也不信，甚至是嚴重懷疑。」精明的范哥如此說。

「現在呢？你現在怎麼看？」旁邊的阿帆問坐在對面的范哥。

「現在我是相信這個項目了，因為從這裡賺到了錢，也買了兩套房子，還有今年年初換了輛法拉利。」范哥說完這句話，話音還未落地，小賀就表示自己也想跟著投一些錢，「我也想開個帳戶，拿十萬塊試試。」小賀自己做電商，這幾年來賺了不少，儘管沒有像范哥那樣賺得多，不過他自己也在市區買了一套房子，現在手上也有一百多萬的現金。

小賀一說完，其他人也紛紛表示想要投資一些錢試試，就算虧了也沒關係。

「先不急，如果你想投，那就先了解清楚再投也不遲。」范哥出於負責任的態度對大家說。

✦投錢，回本，加大力度再投

過了兩三天，二弟阿帆對小賀說：「大哥，我也想跟著你投一些，不過我現在短時間內沒有十萬，我就先拿五萬試試。」

「這樣也好，畢竟我們也只是聽范哥講，還要再深入了解和考察。」小賀儘管心中還有疑慮，卻依舊拿出十萬塊錢投投看。

阿帆資金沒有大哥小賀多，處事謹慎的他，也是考慮了一周之後才拿出五萬塊現金去試試。過了三個多月，小賀的本金將近回本了百分之七十了，阿帆的五萬塊也回將近三萬多塊，如果直接套現就是有將近百分之七十的盈利。

這麼短的時間就能賺到本金的百分之七十，確實誘人和心動，小賀和阿帆也不例外。他們兄弟倆身邊的朋友也慢慢地知道了這件事，和他們兄弟倆詢問情況的人也很多，儘管剛剛開始時是帶著懷疑的試探，但是看到銀行帳戶的真實的收入，他們心中的疑問就少了很多，貪心和幻想也占據這群青年創業者的心智。

眼看這麼高的回報率，小賀又直接追加了五十萬新開了一個帳戶，儘管五十萬對普通工薪階層來說是一筆不小的數目，但是小賀還是能承受得起的。小賀的太太知道了他投了五十萬的事了，勸說道：「我們剛剛結婚沒多久，你的事業也正在上升，怎麼可以拿五十萬去冒險呢？如果被騙了，錢打水漂了怎麼辦？」

「我怎麼會做沒把握的事呢？你還記得我們倆結婚那天前來道喜的范哥，開著法拉利那個。」

「知道，他還給了我們很大一個紅包呢。他怎麼了？」小賀太太問。

小賀把范哥這幾年的經歷一五一十地講給了太太聽，試圖打消她的疑慮，儘管如此，太太仍是不放心。他把之前投了十萬的獲利明細拿給太太看了，因為確實賺到了錢，太太也就不再說什麼了，只不過還在提醒小賀謹慎。

小賀的五十萬投入進去了，再過了七八個月，之前投入的十萬塊，本金不但收回來了，而且還賺了將近七八萬。面對這種誘人的情況，小賀又追加了一百萬，阿帆也追加了將近三十萬，他們身邊的七八個要好的朋友也跟著投了一些錢進去，跟著投錢的人，多的也和小賀一樣，投了一百多萬，少的也有十幾萬。

將近一年要過去了，這群人中陸陸續續收回本金的百分之三四十，但是他們還繼續追加了一部分資金……

✦「啊？這是新版的龐氏騙局」

小賀哥倆和他們的幾個朋友，每天除了忙創業和工作之外，也格外注意他們投資的情況。

晚清曾國藩說過：「一經焦躁，則心緒少佳，辦事必不能妥善。」這句話人人都看得懂，也明白什麼意思，是樸實簡單的話，但試問有幾個人能夠做到？這個是曾國藩多年的生活體會，不僅生活如此，我們創業也是這樣。

小賀下班了，正準備開車回家，經過菜市場附近時變得擁擠了，小商小販在路邊擺攤做生意，附近的居民也來買菜。這個地方一到下午五六點這段時間總會變得異常的熱鬧。下班的小賀因為塞車變得煩躁了起來，本來公司的事已經讓他夠煩了，又因為塞車莫名其妙地生了一肚子無名之火。

小賀回到了家中，脫下了鞋，回到了客廳，家裡的燈正亮著。小賀的太太正在廚房忙著炒菜，二弟阿帆正在開紅酒，小賀在昨晚約了阿帆來自己家裡吃飯，兄弟兩人各自成家之後也好久沒有好好聚在一起吃飯喝酒了，今天難得阿帆來自己家裡吃飯，小賀和太太都很高興，太太聽說阿帆晚上要過來吃飯，特意多做了幾個下酒菜。

一桌豐盛的菜肴：蔥蒜燜帶魚、清蒸白鯧魚、紅燒豬蹄、苦瓜炒雞蛋，涼拌拍黃瓜，魚香茄子煲，再加上濃濃的美酒。如此美食和美酒慰勞了工作了一天的小賀和阿帆他們。一家人在坐在一起吃飯，免不了家長里短，兄弟倆的話題除了聊家常，也自然賺到了賺錢做生意上。

在夜晚聚會喝酒的時候，兄弟倆也會憧憬他們各自的未來，都希望能夠早日實現財務自由。理想總是美好的，但現實畢竟是現實。過了半個月，小賀和阿帆都知道了他們自己投錢的平臺倒閉了。之後他們也去追問范哥的情況，范哥也確實沒有對小賀他們說謊，他確實從這個投資平臺上賺到了錢，買了車買了房，包括他的妻舅也是。

阿帆反應過來了，對小賀說：「大哥，這是騙局，拆東牆補西牆的騙局，拿著後面的人前去補給前面的人的騙局。」

因為這一個投資平臺中，像范哥這樣的是屬於先進場排著前面的那一部分，所以他們能賺到錢，只不過這些錢是來自於後來進場的；而小賀和阿帆他們是屬於中間那一部分的，所以他們第一次投是能夠在一年不到的時間收回本金，甚至獲益；再之後進場的就注定血本無歸了。

小賀恍然大悟，右手在自己的前額上一按，驚訝而後悔地說道：「啊？這是新版的龐氏騙局。」

「查理斯．龐茲雖然死了，但是以他命名的騙局還在。」阿帆說。

「是的，龐氏騙局不會因為龐茲的離去而消失，因為人性的貪婪經過這麼多年沒有變，還是一樣會貪婪。」小賀被坑了這麼多錢，變得清醒多了。

「主要是設這個新式龐氏騙局的人，他們給出的所謂盈利和分紅太有誘惑性了，真是防不勝防。」阿帆說。

「哎，我們都知道龐氏騙局是怎麼一回事，可還是栽在這個新版的龐氏騙局上了。類似的龐氏騙局都有一個聽起來很厲害，實際上卻子虛烏有的投資項目來作為噱頭，騙人入局。都怪自己傻，也不知道自己當初哪根筋搭錯了，怎麼會走到這一步呢？」小賀說完咬著牙，握住拳捶在桌面上，桌上的水杯也隨之搖晃。

「你捶也沒有用，我還不知道大哥你的想法嗎？你還不是因為在你結婚那天看到了范哥開的法拉利心動了，才決定去投資這個，所以今天才會踩坑。二〇〇九年，美國的伯納德．麥道夫操作的龐氏騙局，詐騙金高達六五〇億美金。」

「我聽說過麥道夫這個人，是個猶太人。他承諾給投資者每一年八%至十二%的投資回報率，不論當年的金融市場行情如何。麥道夫這個騙局的受害者有像桑坦德、奧地利、滙豐、瑞士這樣的銀行，還有像紐約大都會棒球隊老闆弗雷德．威爾彭這樣的富豪，或是諾貝爾文學獎得主作家埃利．維塞爾這樣的名人，被騙的還有好多好多……」

「你知道就好，可是你自己遇上新版的龐氏騙局，還是毫無懸念入套了。龐氏騙局玩的就是拆東牆補西牆的伎倆。」

「龐氏騙局不僅國外有，國內也有。前些年國內的雲養系列騙局，安上了APP的幌子，像雲養牛、雲養貓、雲養豬這些方式去騙投資者的錢財。我看過新聞，有了解一些，可我還是避免不了被騙。」

「龐氏騙局也稱為金字塔騙局。在這個騙局中並不是所有的人都會被騙，最先投錢的，也就是最先入局的人是確實能夠賺到錢的。你是不是也想成為這個騙局中賺錢的那個？」阿帆問。

「你貪我的利息，我要你本金。其實我們遇上的龐氏騙局，設局的人大概就是這麼想的。」小賀儘管被人騙了這麼一大筆錢，心中還是很不爽，但是他說這句話的時候他還是忍不住笑了。

「對啊，你貪我的利息，我要你的本金。不下香的餌料，魚兒怎麼會上鉤？不下真金白銀的利息，我們這群傻子怎麼會上鉤。」阿帆說著說著也忍不住笑了，小賀和阿帆他們倆兄弟都不是開心的笑，而是笑自己當初怎麼那麼蠢，甚至是笑中帶淚，笑中也有無奈，是一種被自己蠢到哭和氣到哭的笑。人一旦被自己蠢到的時候，不僅僅是生氣，也有可能是無奈的笑。

阿帆看著大哥小賀剛剛那樣笑，自己也很無奈並且忍不住地大笑起來，阿帆看著小賀大笑，自己也放肆地笑起來，彷彿是在比誰的笑聲大。幸好是在家裡，要不然在外面還真以為這兄弟倆是不是瘋了。這不，聽到這笑聲的小賀太太便聞聲趕來，一臉疑惑和不解的問，你們倆怎麼了？大概她內心也在嘀咕這兩人是不是瘋了，只不過沒說出來。兄弟倆人看到她這麼問，便停住不笑了，剛剛倆人笑得肆無忌憚，這回被小賀太太一問都感到有些尷尬。很快兩人又變回了正常狀態，也變得嚴肅起來，他們都不說話了，彷彿空氣在剎那間靜止了一樣。

「我覺得自己確實有抱著僥倖的心理，也就想著在騙局在暴雷之前能夠全身而退。阿帆，我做大哥的覺得對不起你，讓你也跟著被騙。其實君子何必立於危牆之下。」小賀慚愧地說。

「不要這麼說，我也心存僥倖。看到你賺錢了，自己也想去試試看。我也有想過可能是龐氏騙局，但我還是想去試試看。可是我不像你，手頭上可以用的現金很少，所以被騙的錢不多。」

「其實也不能怪設局的人。人啊，就是太貪心了，我也是貪心的俗人一個。就當是花錢買個教訓，只是這個教訓買得太貴了。」

阿帆伸了懶腰，歎了口氣說：「君子何必要立於危牆之下呢。」

「僥倖和貪心作怪了。」

「嗯，我們今後還是踏踏實實地創業，把我們自己的產品做好。不要再幻想著一夜爆富了。」阿帆對小賀說道，他比小賀虧的少，除去前面拿回來的錢，他一共虧了二十萬。

「這是一個坑，也是一個教訓。人啊，還是貪心。」小賀說完這句話，便抽起了手裡的香煙……

◆君子何必立於危牆之下

小賀他們這些人花了幾百萬買了一個教訓，如果不是因為貪心，失去理性的分析和判斷，也不至於被坑得這麼嚴重。龐氏騙局最誘惑人的地方就是確實有一部分前面入局的人能夠不虧錢，甚至還能賺到錢。小賀他們之所以會投入這麼多錢就是因為他們抱著僥倖的心理。感覺到有可能是龐氏騙局，但還是覺得自己可以「幸運」地全身而退，甚至還能賺到錢，總覺得憑藉著自己的聰明才智和運氣，能夠在龐氏騙局崩盤之前抽身退場。這樣的想法當然在理論上也不是不可能，但是現實中並不是這樣的。

君子何必立於危牆之下呢？知道是騙局，又何必讓自己的資金放在一個危險的地方呢？有危險又何必去靠近，總以為自己和其他人不一樣，總以為其他人被騙是因為他們智商不夠才會被騙，嘲笑被騙的人傻，總以為自己絕頂聰明。

可是不要忘了二〇〇九年美國伯納德．麥道夫操作的龐氏騙局，被坑的人不僅有像滙豐這樣專業的銀行，甚至還有諾貝爾獎得主，他們都是社會上的精英，他們有很高的智商。但是我們要明白，高智商並不代表不會上當受騙，不要憑著慣性的固有的思維去思考事情。

龐氏騙局不會因為龐茲的死去而消失，這種騙局之所以存在，是因為千百年來，儘管社會在進步，科技在發展，人性的貪婪依舊不變。

社會在發展，科技也在進步。

可是，龐氏騙局的手法和方式在一百多年後依舊還是存在，只是換個名堂而已，這也說明人性的貪婪沒有改變多少。網路時代，借著網路或者金融的幌子，招搖撞騙的手法千奇百怪，讓人眼花撩亂。但也萬變不離其宗——利用人性的貪婪。人一貪心就沒有理性的判斷，也就容易上當受騙。

在風險投資圈真正能成功的是那些看起來踏實純樸的，創業者有恆心毅力，肯投入並且與時間作朋友的項目，這些項目往往風險可控制，回報率也不低。

當然，有一句老生常談的話，「天下哪有免費的午餐」，類似的話大家都聽得很多，但試問我們幾個人能夠做到呢？真正的投資不是投機取巧，而是踏踏實實地看準未來市場的需求，不是海市蜃樓一樣的虛幻。

創業之路不易，創業路上的青年也不易，因為創業無論在哪個階段，都有失敗的可能。

創業可以大膽地嘗試，希望可以通過這些他人在創業路上遇到的失敗和教訓，讓想要創業的年輕人能夠有所借鑑。前面有人踩過的坑，他們已經付出了沉重的代價，他們的失敗，能夠讓今後的創業者少走一些彎路和少踩一些坑。

年輕的創業者，你可以大膽試錯，在挫敗中捶打自己、鍛鍊自己，在試錯中學習。儘管在創業的路上，失敗是常見的，但我更不願、更不忍看你失敗。

BIG 364

試錯，我不想你失敗：10堂千金換不到的創業人生課

作　者—張凱鈞、陳鴻傑
責任編輯—陳萱宇
主　編—謝翠鈺
封面設計—陳文德
美術編輯—菩薩蠻數位文化有限公司
企　劃—廖心瑜
資深企劃經理—何靜婷
董 事 長—趙政岷
出 版 者—時報文化出版企業股份有限公司
108019 台北市和平西路三段二四〇號七樓
發行專線—（〇二）二三〇六六八四二
讀者服務專線—〇八〇〇二三一七〇五
（〇二）二三〇四七一〇三
讀者服務傳真—（〇二）二三〇四六八五八
郵撥—一九三四四七二四時報文化出版公司
信箱—一〇八九九　臺北華江橋郵局第九九信箱
時報悅讀網—http://www.readingtimes.com.tw
法律顧問—理律法律事務所　陳長文律師、李念祖律師
印刷—勁達印刷有限公司
初版一刷—二〇二一年八月六日
定價—新台幣三二〇元
缺頁或破損的書，請寄回更換

試錯,我不想你失敗：10堂千金換不到的創業人生課/
張凱鈞, 陳鴻傑著. -- 初版. -- 臺北市：時報文化出版企
業股份有限公司, 2021.08
面；　公分. -- (BIG ; 364)
ISBN 978-957-13-9163-2(平裝)

1.創業 2.成功法 3.個案研究

494.1　　110010016

ISBN 978-957-13-9163-2
Printed in Taiwan